住民が提案した
ダムなし治水案

川辺川ダム・荒瀬ダム

「脱ダム」の方法

くまもと地域自治体研究所［編］

花伝社

上：球磨川中流域。清流が広がる
下：川辺川は急流を利用した川遊びがさかん

上：流れの速い川辺川
下：川辺川の源流風景

上：川辺川と球磨川の合流地点。右の球磨川は上流に市房ダムがあり白く濁っている
下：川辺川の鮎は「尺鮎」と呼ばれるほど大きい

上：川は子どもたちの遊び場でもある
下：子どもたちも上手にパドルをさばく

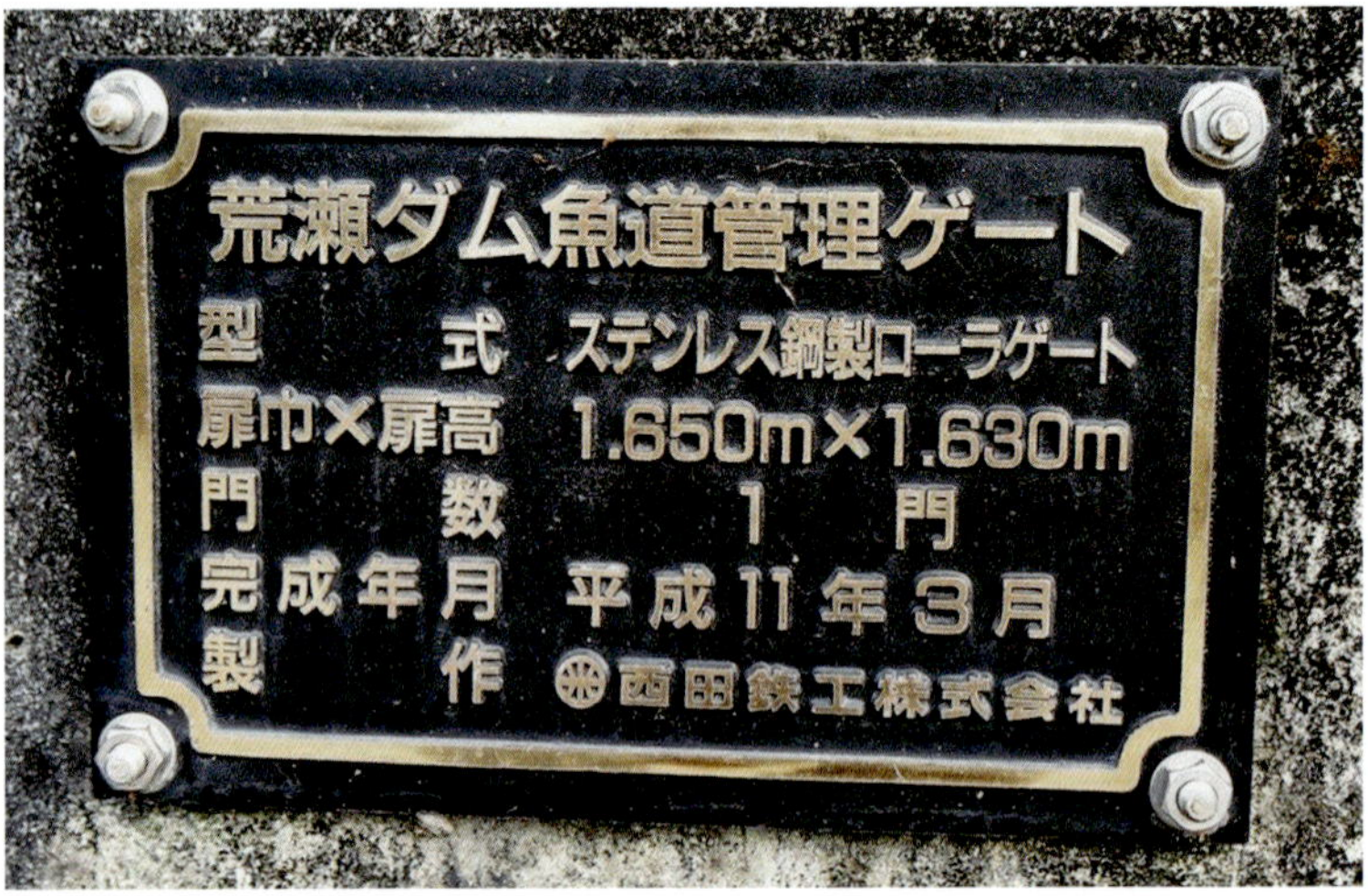

上：荒瀬ダムの名盤。鮎が遡上出来そうにない魚道が作られている
下：撤去されることが確定した荒瀬ダム

球磨川のダムなし治水（案）

地区毎の浸水と対策

S40年7月洪水によるシミュレーションで「決壊する箇所」、
「あふれる箇所」と見なされた箇所をゼロにするための対策

本資料中の図、グラフ、写真は、国土交通省九州地方整備局作成（平成21年3月26日）「第2回ダムによらない治水を検討する場　説明資料」から引用しています。

http://www.qsr.mlit.go.jp/yatusiro/river/kumagawa/kumagawa-kanri/kentou.htm

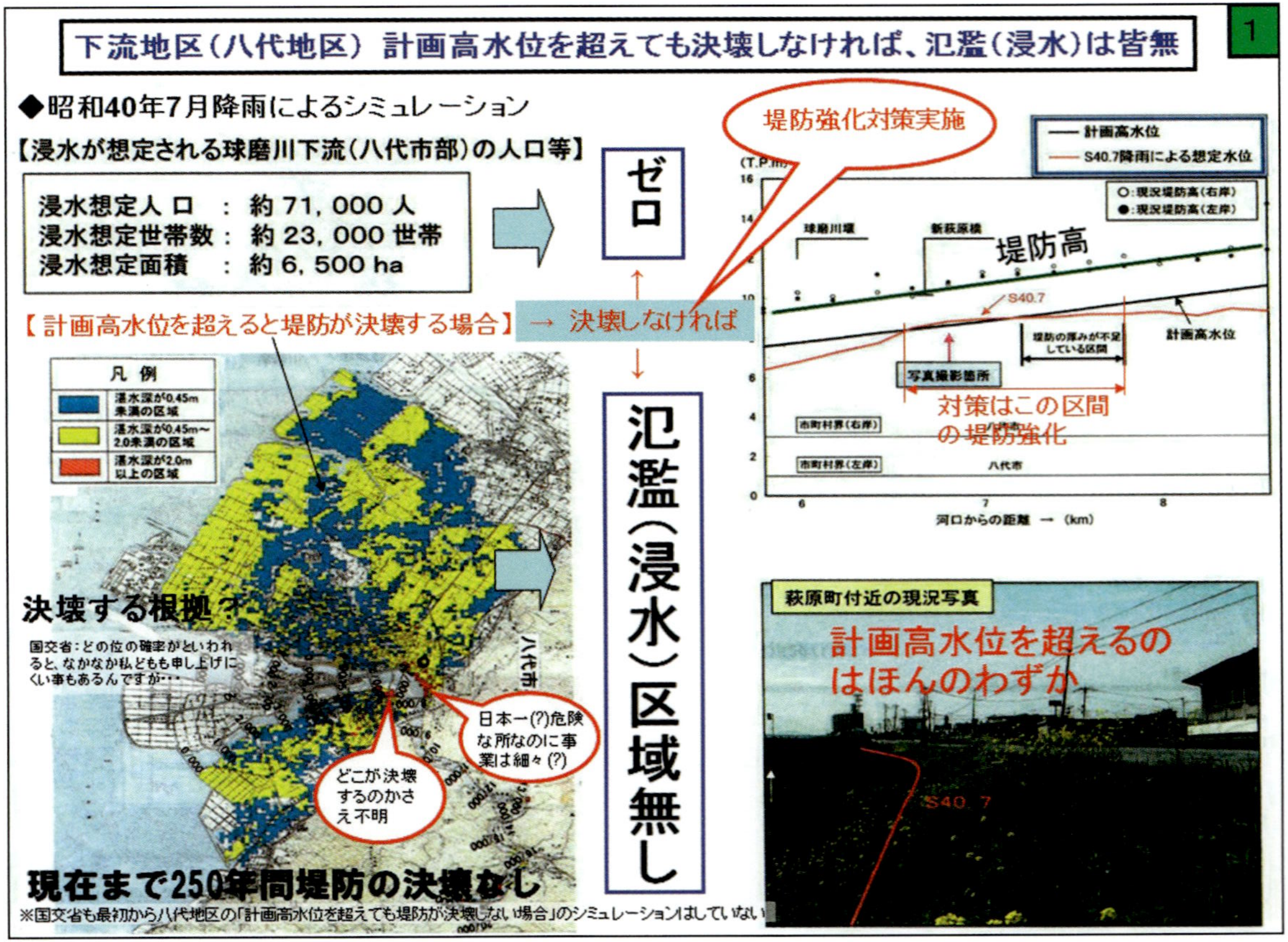
1
下流地区（八代地区） 計画高水位を超えても決壊しなければ、氾濫（浸水）は皆無
◆昭和40年7月降雨によるシミュレーション
【浸水が想定される球磨川下流（八代市部）の人口等】
浸水想定人口 ： 約 71, 000 人
浸水想定世帯数 ： 約 23, 000 世帯
浸水想定面積 ： 約 6, 500 ha
ゼロ
【計画高水位を超えると堤防が決壊する場合】
→ 決壊しなければ
氾濫（浸水）区域無し
堤防強化対策実施
凡例
浸水深が0.45m未満の区域
浸水深が0.45m～2.0m未満の区域
浸水深が2.0m以上の区域
八代市
決壊する根拠？
国交省：どの位の確率がといわれると、なかなか私どもも申し上げにくい事もあるんですが・・・
日本一(?)危険な所なのに事業は細々(?)
どこが決壊するのかさえ不明
現在まで250年間堤防の決壊なし
※国交省も最初から八代地区の「計画高水位を超えても堤防が決壊しない場合」のシミュレーションはしていない
計画高水位
S40.7降雨による想定水位
○：現況堤防高（右岸）
●：現況堤防高（左岸）
(T.P.m)
球磨川堰
新萩原橋
堤防高
S40.7
計画高水位
堤防の厚みが不足している区間
写真撮影箇所
対策はこの区間の堤防強化
市町村界（右岸）
市町村界（左岸）
八代市
河口からの距離 → (km)
萩原町付近の現況写真
計画高水位を超えるのははほんのわずか
S40.7

（中流地区）地盤高が低いため毎年浸水　早急に「宅地等の嵩上げ」を実施

未対策箇所は

宅地等の嵩上げと下記追加対策を併用

嵩上げ高さはダムなしを基準とする！

○人的被害を出さないための避難・誘導体制整備を併行して実施

対策済箇所では

護岸等の嵩上げや宅地建物・塀の補強など**追加対策**を実施

荒瀬ダム・瀬戸石ダム撤去による水位の低減

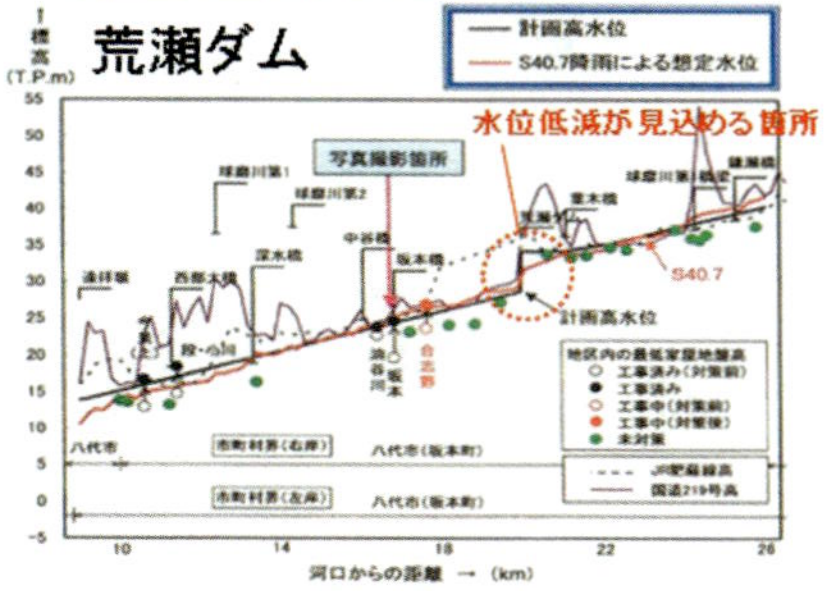

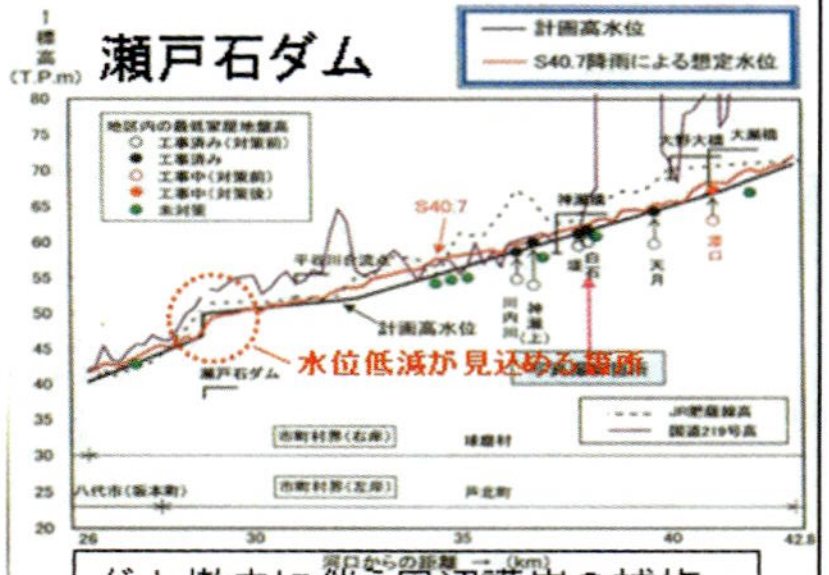

ダム撤去に伴う周辺護岸の補修工事は発電事業と無関係のため治水事業として実施

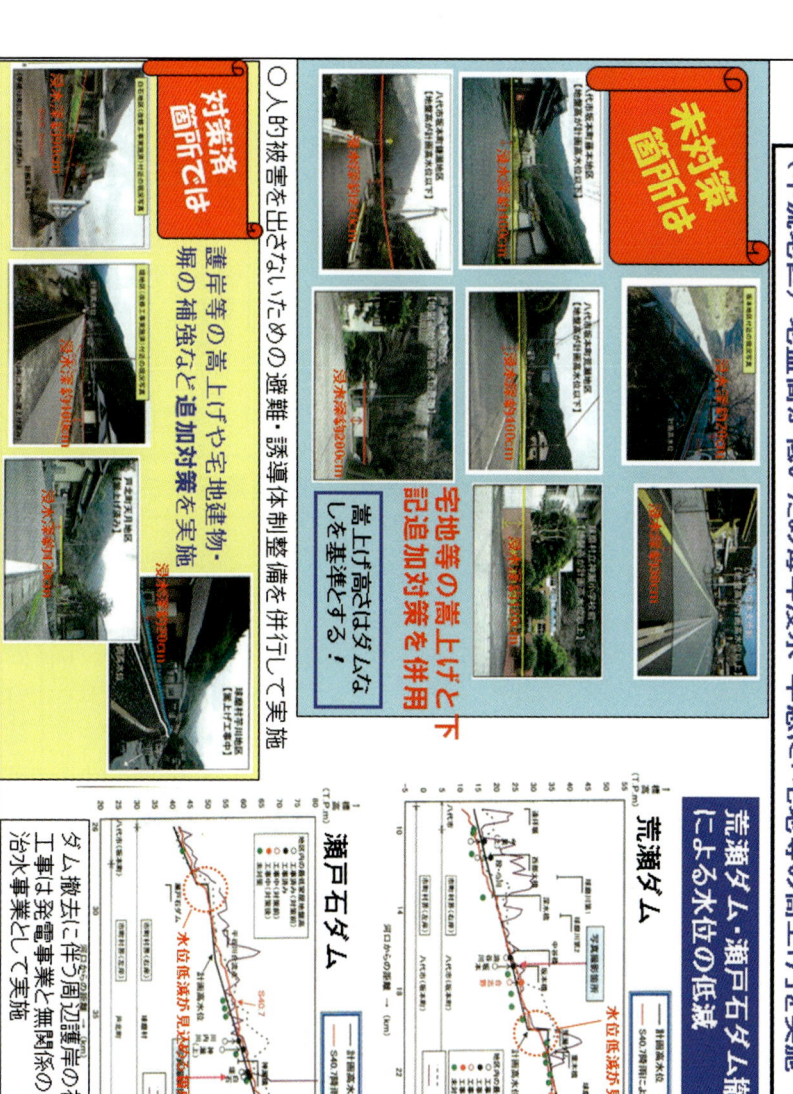

（人吉地区）計画高水位を超えても堤防が決壊しなければ、浸水もわずかで対策可能

【計画高水位を超えても堤防が決壊しない場合】

◆昭和40年7月降雨によるシミュレーション

【浸水が想定される人吉市内の人口等】

浸水想定人口　：約1,000人
浸水想定世帯数：約400世帯
浸水想定面積　：約70 ha

市街は浸水ゼロになる

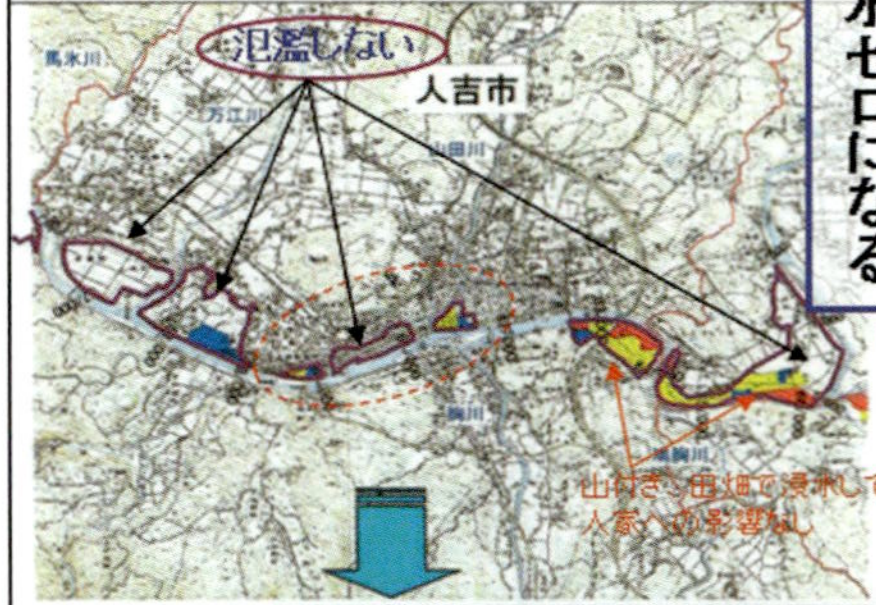

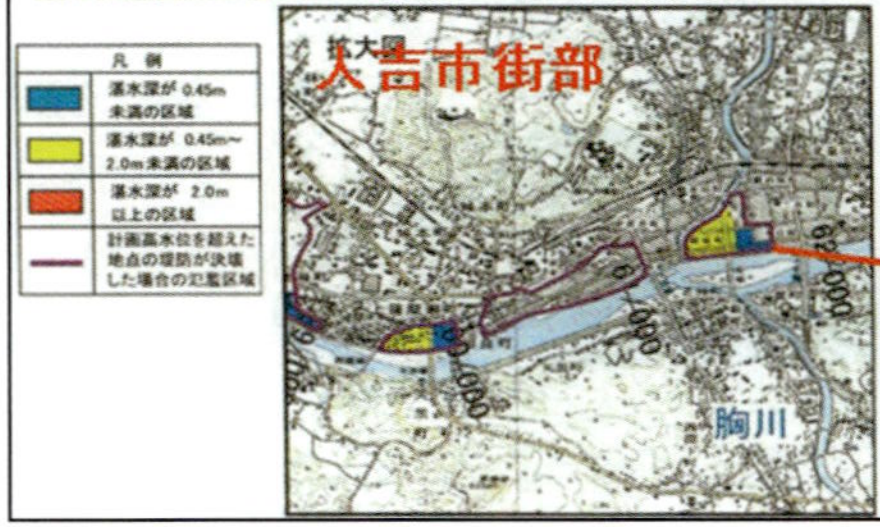

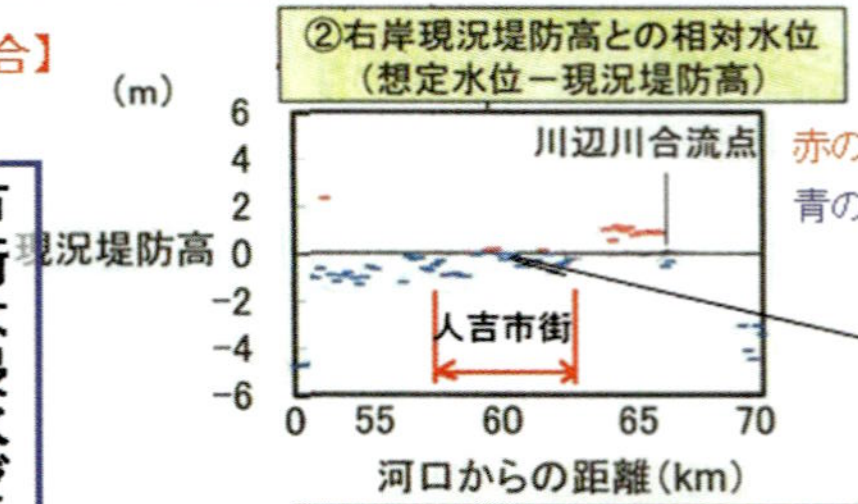

赤の点は堤防を超える
青の点は堤防を超えない

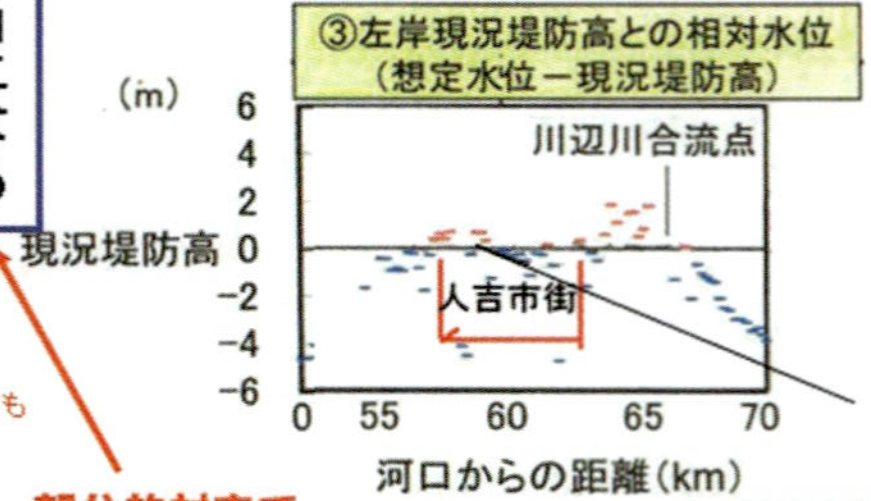

人吉市街で堤防を超えるのは、ほんの数十センチであるため護岸の嵩上げ、河床掘削による水位低減等で容易に対策できる。

左岸側は堤防よりも地盤が高いため堤防を超えても浸水しない（浸水区域なし）

部分的対応で

堤防一杯流れても決壊しないように必要な点検と護岸補強対策を実施

人吉市街の護岸は老朽化しているため、この機会に景観を考慮して観光地にふさわしい護岸に補修・整備する！

（上流地区）計画高水位を超えても堤防が決壊しなければ、浸水区域は ほとんどない

◆昭和40年7月降雨によるシミュレーション　【計画高水位を超えても堤防が決壊しない場合】

【浸水が想定される錦町、あさぎり町、多良木町、湯前町、水上村内の人口等】

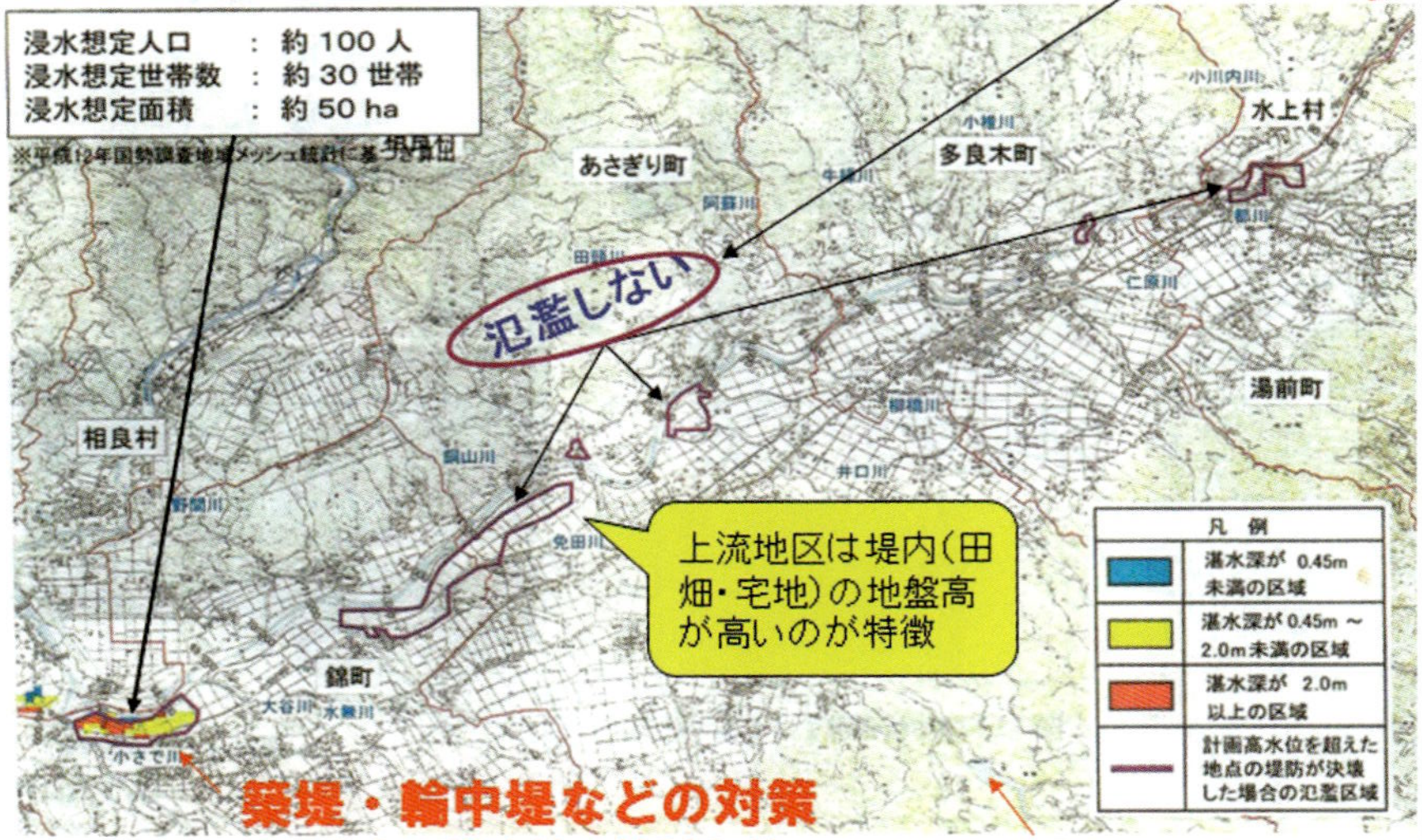

堤防の質的強化を実施

堤防の質的要因からの危険性

越水していなくても堤防が決壊した事例
(H18.7洪水 天竜川 洪水の状況(長野県箕輪町))

堤防の幅や高さが不足している場合や堤防の土質状態などによっては計画高水位以下でも決壊するおそれがある。

現在調査中

- ○河床に堆積した土砂の撤去、河川内に繁茂した木竹の伐採による洪水流下能力アップ
- ○堤防の強化対策（質的強化が必要な堤防の点検）
- ○浸水区域や内水被害区域などは輪中堤などを実施したうえで遊水池としての可能性検討
- ○市房ダム、清願寺ダム　既設ダムの容量不足解消、操作ルール見直し等運用改善

5

（川辺川地区）川辺川ダム前提のため整備が遅らされた地区　早期整備実現

川辺川はダムを前提にしてきたため堤防が低いうえに、県管理のため整備が遅れている。

【地盤高を越え増水した河川の水があふれ出す場合】

◆昭和40年7月降雨によるシミュレーション

川辺大橋（旧永江橋）上流付近

【浸水が想定される相良村内の人口等】

人　　口	：	約 1, 300 人
世 帯 数	：	約 420 世帯
浸水想定面積	：	約 250ha

※平成12年度国土交通省作成資料に基づき算出

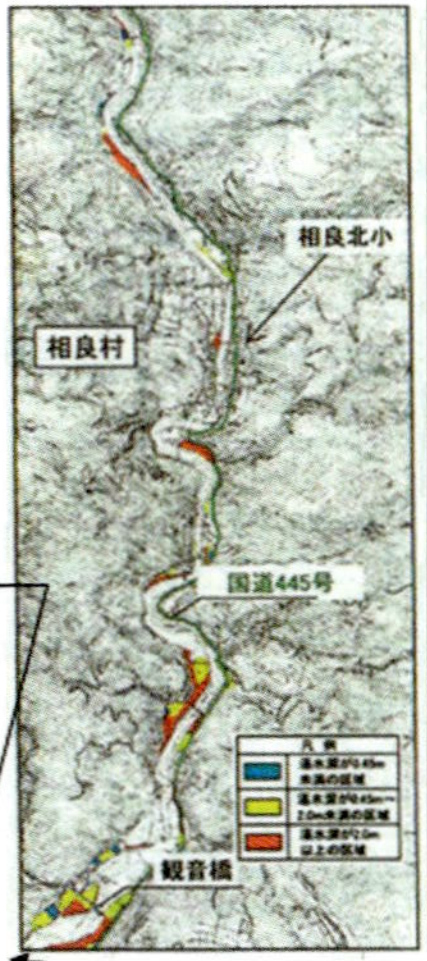

国管理にして整備促進を図る！

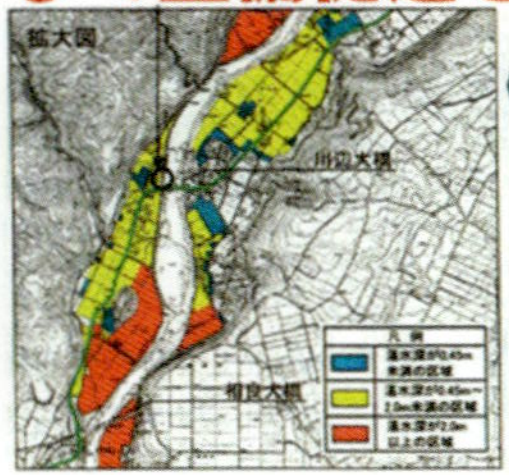

永江地区付近の現況写真

○河床に堆積した土砂の撤去　○人的被害を出さないための避難・誘導体制完備
○地区の状況に応じた、築堤、宅地嵩上げ、輪中堤などの整備計画を早期に策定
○浸水区域や内水被害区域は輪中堤などを実施したうえで遊水池としての可能性検討

洪水の支障になる施設の対策

球磨村渡地区における河川水位の状況（S40.7降雨による想定水位）

H17.9.6 16:29撮影 球磨川第二橋梁（球磨村）にS40.7降雨による想定水位を加筆

○橋桁が低い（HWL以下）ことや、老朽化しているため対策が必要とされている橋梁など
○特に支障になるものから順に改善を実施
全面更新、橋桁嵩上げなど
○費用面で今すぐ困難な場合は、橋梁の流出防止、堰き止めによる水位上昇対策を施設管理者と共同して実施

既設護岸の嵩上げ

老朽護岸を1.2m嵩上げしながら
良好な景観を維持した事例（大淀川）

整備前の特殊堤。右の写真とほぼ同じ位置で撮影されたもの。水辺が楽しいふれあいの場に生まれ変わったことがわかる。（提供 国土交通省九州地方整備局宮崎工事事務所）

大淀川河畔に建つホテル群と特殊堤。全長1050mにわたって整備がおこなわれた。

[参考]　これでわかる「河川整備基本方針」と「河川整備計画」の関係

白川の計画高水流量及び今後20～30年の整備目標

白川の計画高水流量は、S28の出水を基本として、3,000m3/sと定められています。
しかしながら、限られた予算のなか、一度に整備することは困難であることから、今後20～30年の整備目標をS55・H2の出水のピーク流量を基本とする2,000m3/sと定め整備を進めています。

表　出水ピーク流量と暫定計画流量

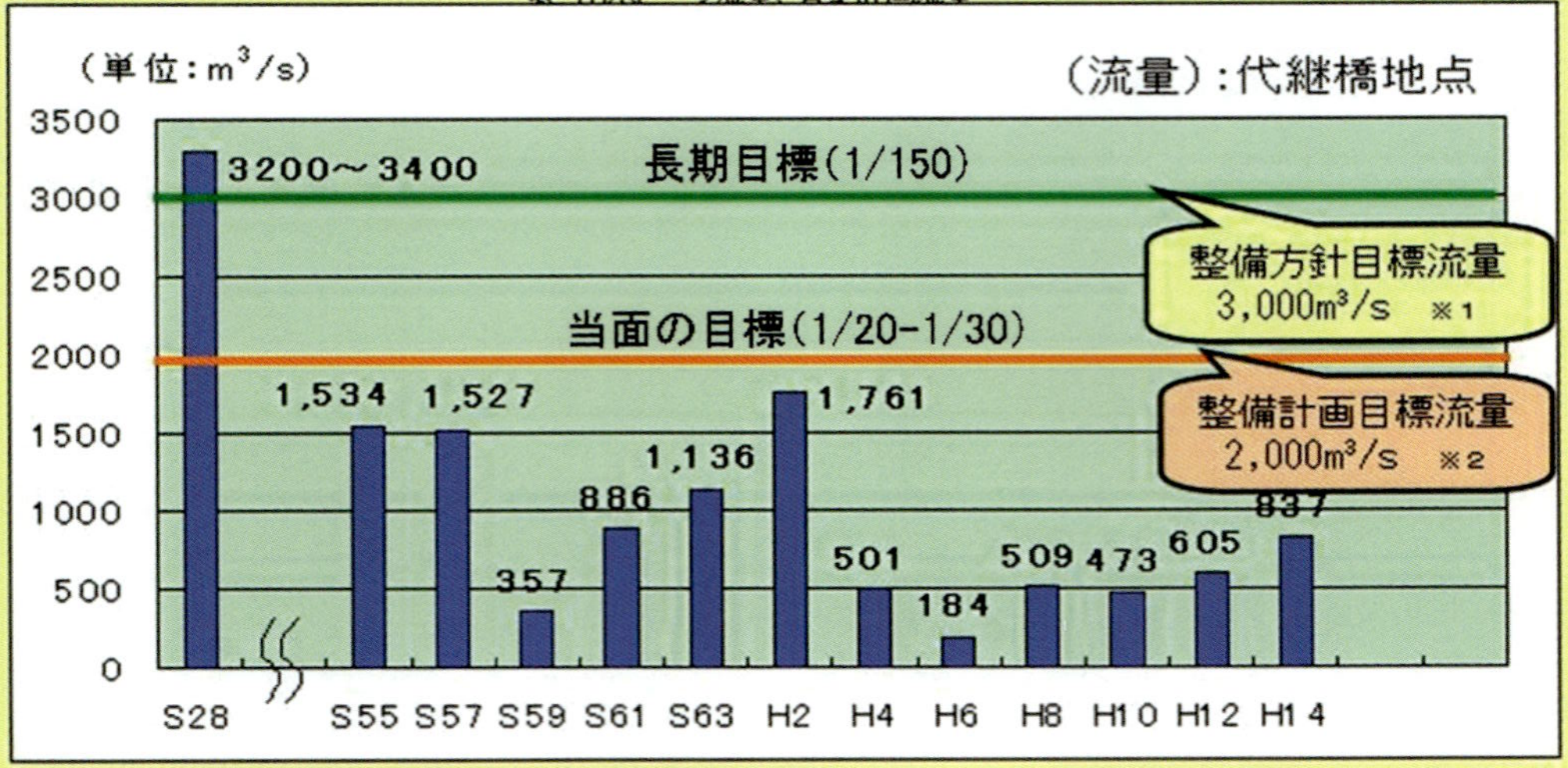

※1：整備方針目標流量3,000m³/sは立野ダムで400m³/s調節後の流量
※2：整備計画目標流量2,000m³/sは立野ダムで300m³/s調節後の流量

S55、H2は氾濫後の実績流量

国土交通省九州地方整備局熊本河川国道事務所作成

［参考］熊本市街地の（厳しい制約条件の中の）川づくりを参考にしましょう

子飼地区の改修

銀座橋～子飼橋の右岸に位置する子飼地区は、堤防が未整備の区間および高さ・幅が不足している区間があるため堤防の整備および補強を行います。

また、明午橋は橋長が不足しており洪水時に阻害となるため、改築を行います。

堤防の整備により、流下能力は、一番低いところで改修前に約900m3/sであったものが、2,000m3/s以上に向上します。

計画堤防

国土交通省九州地方整備局熊本河川国道事務所作成

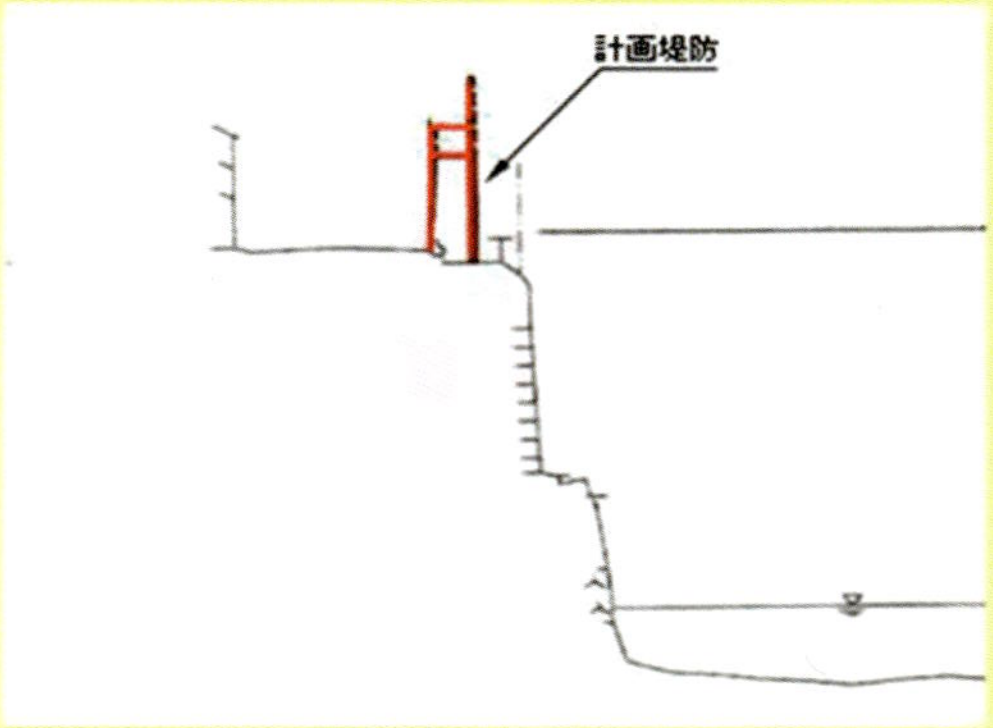

右岸13／400付近

※概略図で別途詳細な検討が必要です

川辺川ダム・荒瀬ダム「脱ダム」の方法——住民が提案したダムなし治水案◆目次

I　球磨川のダムなし治水の実現に向けて　松尾康生

序にかえて――川辺川・球磨川を宝の川に

板井優

一　「始めにダムありき」の巨大な流れ

旧建設省が後に問題になった川辺川ダム建設計画を公表したのは、一九六六（昭和四一）年で、一九六三（昭和三八）年から三年連続で人吉・球磨地方を襲った水害がきっかけであった。この計画では八〇年に一回の洪水を防ぐとしているので、上流の五木村は役場や商店街もある中心部が水没することになる。五木村は反対の立場を模索した。

これに対し、旧建設省は一九六八（昭和四三）年、熊本県の意向を受けて、治水目的のほかに、下流域の農業用水の確保を含めた利水（かんがい）目的を付け加えた。下流市町村の農家を巻き込んで上流の五木村を孤立させる構図である。その意味で、利水はまさに「始めにダムありき」であった。しかし、当初五木村を孤立させるはずの利水事業が後に、ダム反対の世論を作ってい

球磨川下りの風景

くことになる。

一九七六（昭和五一）年三月三〇日、旧建設省は川辺川ダム建設基本計画を告示した。計画は特定多目的ダムで、①治水②利水（かんがい）③利水（発電）④流水の正常な機能の調節という四つの目的。しかし、「流量調節」は主にダムが出来た後の球磨川船下りなどの水量の確保である。ダムが出来た後の問題にすぎない。また、「発電」はダムができることで水没・廃止となる旧発電所の発電量を二四〇〇キロワットも下回るものであった。問題となるのは、治水と利水（かんがい）の二つである。

ところで、ダムが出来て水没するのは、ダムサイト予定地の相良村四浦とダム湖となる五木村であった。五木村・相良村の地権者らは、一九七六（昭和五一）年四月一三日、川辺川ダム建設基本計画に対し、その取消を求める裁判を熊本地裁に提起した。しかしながら、熊本地裁は、一九八〇（昭和五五）年三月二七日、取消訴訟などに氷のように冷たい却下判決を下した。こうして、地権者らの闘いは急速に条件闘争へと変わる。

一九八四（昭和五九）年四月二五日、五木村の地権者らは取消訴訟等を取り下げ、同年六月八日農水省は、ダム利水を前提にする国営川辺川総合土地改良事業計画（利水・区画整理・農地造成を含む。当初計画）を告示した。さらに、一九八九（平成元）年には二市一七町村による川辺川ダム建設促進協議会が設立された。こうして、川辺川ダム建設は既定の事実のようにみえた。

二　ほころびとなった利水（かんがい）目的の構図

一九九三（平成五）年、農水省は、国営土地改良事業変更計画説明会を地元で始めた。当初、川辺川総合土地改良事業は、水量豊かな川辺川の水を球磨川上流にある多良木町など広範な地域に配るというものであった。そのために、もともと干ばつ知らずであった川辺川流域にある相良村の農家は、国営土地改良事業を実施すると他市町村に水を配ることになる。結果、高額の水代を負担して、一〇年に一度の干ばつに備えなければならないという不利益を被ることになる。

他市町村でも、水が豊かな地域では同じ問題が生じていた。こうした地域では、当初計画の段階で、その地域のいわゆるボスに対して「現実に事業を実施するときには対象地域から外すから、とにかく事業に同意してくれ」という趣旨の一札が入れられていた。

これは、ダム利水ということになると国営事業でなければならず、そのため土地改良法上対象農地を三〇〇〇ヘクタール以上とする必要があり、必要でもない水を押し付けなければならなかったのである。そこで、変更計画では対象面積を減らさなければならなくなったが、三〇〇〇ヘクタールを割ることもできず、結局、対象農家に対し「水代がタダだから事業に同意してくれ」という説得しかなくなった。事実、一九九一（平成三）年に土地改良法が改正され、利水事業費の農家負担を市町村が負担する仕組みが出来ている。まさに、「始めにダムありき」であった。

しかし、本当に水代がタダなのか？　農産物の自由化など農業経営が厳しい中で、対象農家の一部は一九九三（平成五）年一二月、「川辺川利水を考える会」を作り考え始めた。

こうして、川辺川ダム建設問題のほころびが始まった。あくまでもダムを造るために、五木村・相良村の水没地などの地権者の闘いを孤立させるために行った「利水」目的を加えた特定多目的ダム計画は、利水目的そのものが揺らぎ始めた。

三　ダムによらない利水、治水への転換を求めた闘い

一九九六（平成八）年六月から始まる利水裁判の途中、一九九八（平成一〇）年六月九日、旧建設省は川辺川ダム建設計画の変更を告示した。こうしてダムをめぐる闘いは、利水訴訟の行方に係ることとなった。

この裁判は、二〇〇〇（平成一二）年九月八日、一審の熊本地裁では農民側が敗訴したが、直

ちに、原告農家の約九割が怒りの控訴を行った。

この控訴直後の二〇〇〇（平成一二）年一二月二六日、建設大臣は川辺川ダム事業で土地収用法に基づく「事業認定」を行った。強制収用裁決申請の脅しである。

しかし、球磨川漁協、宝の川の漁師たちは、総代会および総会（二〇〇一年一一月二八日）で漁業補償案を否決した。さらに、二〇〇一（平成一三）年一一月五日、市民団体である川辺川研究会は、「ダムがなくても治水は可能」とするパンフレットを一万部発行した。これを受けて、二〇〇一（平成一三）年一二月、当時の潮谷義子熊本県知事は、国土交通省が県民に説明義務を尽くしていないと述べ、熊本県が主催する「第一回住民討論集会」が、相良村体育館で約三〇〇〇人を集めて開催された。住民と国交省が初めて対等に意見を交換する新しい時代の幕開けである。

ところが、国交省は説明義務を尽くさないばかりか、二〇〇一（平成一三）年一二月一八日に強制収用裁決申請を行った。まさに、問答無用である。こうして熊本県収用委員会での審理に闘いの舞台が移った。

二〇〇三（平成一五）年五月一六日、福岡高裁は川辺川総合土地改良事業のうち、利水事業と区画整理事業について、三分の二以上の農家の同意がないので土地改良法に反するとして取消した。農水大臣はわずか三日後の同月一九日、上告放棄を宣言し、判決は確定する。

川辺川ダム建設計画の目的の重要な一つである利水（かんがい）目的が違法となった。こうして利水をめぐる闘いも、収用委員会に舞台が移る。

判決後の二〇〇三（平成一五）年六月一六日、熊本県は国交省と農水省の了解を得て、熊本県がコーディネーターとなって九州農政局、熊本県農政部、川辺川総合土地改良事業組合、川辺川地区開発青年同志会、川辺川利水訴訟原告団・弁護団とで新利水事業策定の事前協議を開催した。これは、ダム利水を前提にせず、「農家が主人公」「情報の共有」を合言葉に、関係者が一堂に会して新たな利水事業を策定するというものであった。住民と行政が同じ土俵で対等平等に利水事業を論じ合うという新しい時代が、利水問題でも始まったのである。

二〇〇三（平成一五）年一〇月二七日、収用委員会は、利水訴訟福岡高裁判決が確定しても、新たな利水事業が始まるまでは川辺川ダム建設計画の「利水」目的は浮動状態であるとして、利水事業の行方を見守るという理由で審理は中断された。

そして、二〇〇五（平成一七）年八月二九日、収用委員会は次の理由で、国交省に川辺川ダムに係る収用裁決申請を全て取り下げることを求める歴史的な勧告をした。

①特定多目的ダム計画から利水（かんがい）目的が抜けると、別のダム計画での収用裁決申請が必要となる。そのままでは土地収用法上違法となる。

②新利水事業で利水（かんがい）目的が決まるまで審理が相当期間中断すれば、土地収用法上違法となる。

③この場合、収用裁決申請を取り下げなければ、収用申請を違法として却下する。

結局、二〇〇五（平成一七）年九月一五日、国交省は川辺川ダム建設計画に係る全ての強制収用裁決申請を取り下げた。これに伴い「事業認定」自体も失効した。こうして、国交省はダム建設計画の再変更を余儀なくされた。

　その後、ダム以外利水案が正面から検討されることを恐れたダム推進派は、二〇〇六（平成一八）年七月一五日未明、第七八回事前協議をもって、事前協議を解体した。

　事前協議では、事実上のダム利水案である「農水省新案」に一本化することが出来ない中で、最大の対象地域で取水地でもある相良村が、国営利水事業、さらには川辺川ダム建設計画に反対した。この相良村の立場は、二〇〇六（平成一八）年一二月一七日、約二三〇〇人が参加した住民集会「この川にダムは似合わん」（相良村体育館）で圧倒的に支持された。

　ところが、二〇〇七（平成一九）年五月一一日、国交省は球磨川水系の河川整備基本方針を策定して反撃し、あとは川辺川ダムを建設するという河川整備計画の策定のみとなったその直後に、球磨川流域や熊本県下五一か所で「明日のための川作り報告会」を開いた。しかし、結果は圧倒的多数の流域住民がダム以外の治水を求め、ダムを望むものはわずか数名に過ぎなかった。

　また、農水省は二〇〇七（平成一九）年一二月、地元相良村が事業から抜けたこと、相良村以外の五市町村の説明会に二六・四％の参加者しかいないことを理由に、国営利水事業の休止を宣言した。

　二〇〇八（平成二〇）年八月三日、人吉市で開かれた一三五〇人のダム反対集会には、潮谷義子前熊本県知事、住民討論集会、利水事前協議のコーディネーターをつとめた鎌倉孝幸前熊本県地域振興部長、中島隆利前八代市長、矢上雅義前相良村長なども参加し、世論がダム反対の流れであることを明らかにした。さらに、同年八月二四日の川辺川現地調査集会で横山良継相良村議長は、ダム反対が相良村議会の意志であると表明した。さらに、流域のあさぎり町、錦町の町長らも、蒲島熊本県知事に対し、町民にダム反対が多いということを明らかにするなどの発言をしている。こうした中で、徳田正臣相良村長、田中信孝人吉市長は次々とダム反対を表明した。

四　ダムによらない治水に予算を、水代がかかり水利権を失う利水はノー

二〇〇八（平成二〇）年九月一一日午前一〇時過ぎ、熊本県議会九月議会が開催された。冒頭の所信表明で、蒲島郁夫熊本県知事は球磨川水系川辺川ダム建設反対を明言した。これは、一九六六（昭和四一）年に建設省（現国土交通省）が川辺川ダム建設計画を公表して以来四三年経過したが、まさに住民の意思が行政を変えた歴史的な瞬間であった。

蒲島知事の反対表明後、熊本県民に対するアンケート調査で七三％がダム建設に反対の意思を明らかにし、八五％が知事発言を支持するとした。

こうした事態を受けて、国交省は熊本県や地元市町村とともに、二〇〇九（平成二一）年一月一三日を皮切りに、同年一二月二二日まで六回の「ダムによらない球磨川水系の治水を検討する場」を熊本県庁で設けている。まさに、ダムによらない治水に予算を付けるかどうかが今後の歴史的課題となっている（その後、二〇一〇年三月二九日、第七回が開かれている）。

しかし、利水に関しては、二〇〇九（平成二一）年六月一六日、相良村議会が既存のチッソ導水路を活用するという農水新案の受け入れを決議した。しかしながら、相良村は、柳瀬西溝掛り

や飛行場水路掛りにおいては既存水利権を守る立場から、事業からの離脱を明らかにしており、相良村土地改良区は総代会による特別決議は考えていないとする。そして、農水省は、土地改良区の同意が得られなければ利水計画の取り纏めにはつけない、としている。二〇一〇（平成二二）年二月、相良村では、これら水路掛りの農家の多数は国営事業再開に同意しなかった。

五　今後の課題

国交省はダム推進路線を捨てたわけではない。二〇〇九（平成二一）年一月二二日、国交省は川辺川ダムや大戸川《だいどがわ》ダムをめぐる地元知事らの動きを受け、ダム事業のあり方全般を見直す省内の検討会議「ダム事業プロセス検証タスクフォース」の第一回会合を開いた。二〇〇九（平成二一）年二月には滋賀、大阪、三月二日には京都府知事が、大戸川ダムの建設休止を事実上求める意見書を国交省近畿地方整備局に提出した。これを受けて同月三〇日、国交省大臣は大戸川ダム建設問題について建設凍結とした。

こうした中で、二〇〇九（平成二一）年八月末の衆議院総選挙で、従来の自民党・公明党の連立政権がわずか三割の議席しか獲得できず、民主党・社民党・国民新党の連立政権が成立した。新しい政権は、二〇〇九年一〇月、「八ッ場ダム、川辺川ダム反対」「コンクリートから人へ」の方向を選択した。しかし、確かに新政権は八ッ場ダム、川辺川ダム反対を述べたものの、廃止に向けての法的プロセスを取らず、大型公共事業につけていた予算を新政権の別の政策へ振り替えただけであった。

こうした中で、八ッ場ダム問題などで、廃止に向けての地元の同意を取る困難さが指摘され、川辺川ダム問題での水没地予定地である五木村をモデルとする、ダムによらない地域振興を行う補償法案の策定が新政権の課題とされている。ダムによらない治水をどうやって実現していくか、またダムによらない身の丈にあった利水をどうやって実現していくのかが現実的な課題となっている。

川辺川で起こったことは、公共事業を決めるのは政・官・業の複合体ではなく、住民自らが参加し決定する、ということである。今、川辺川・球磨川の住民はダムを選択せず、ダムによらない治水、利水、地域振興を求めている。この動きは、球磨川下流の荒瀬ダムの撤去を求める大きな世論をも伴っている。荒瀬ダムは五〇年以上も前に造られた中古ダムであり、その取り壊しを認めることは全国に数多く存在する中古ダムの撤去を求める象徴となり得る。

かつて、ダムのない川のもたらす清流やアユの恵みを、流域住民は受けてきた。しかし、ダムが押しつけられ、川と海が壊されてきた。多くの流域住民は自らの体験を通じて失ったものの大きさを知るに至った。

今や、宝の川や海を取り戻すための大きな歴史的な流れは、川辺川・球磨川の闘いを通じて全国に大きく広がろうとしているのである。

I　球磨川のダムなし治水の実現に向けて

松尾康生

はじめに

川辺川ダム建設に反対する住民側は、二〇〇二（平成一四）年一一月に「球磨川の治水と川辺川ダム」（川辺川研究会）を発刊し、川辺川ダムの治水上の問題点と、それに替わる代替案を示した。これは、後の住民討論集会のテーマにもなり、ダム代替案の理論的な根拠の一つになった。

現在、新政権に移行したことによって、ダム中止は社会の流れになろうとしているが、そこで求められるのは、洪水からの地域の安全と安心の確保であることに変わりはなく、今まで以上に代替案が求められている。今回、「球磨川の治水と川辺川ダム」以降の到達点を踏まえながら、具体的な「球磨川のダムなし治水（案）」を提案することにした。

第一章　球磨川のダムなし治水を考えるにあたって

一　川辺川ダム問題と球磨川の治水対策の経緯

二〇〇一（平成一三）年頃まで川辺川ダム建設反対を主張する住民は、①ダムによる水害の発生②森林の保水力③遊水池などの代替案④基本高水《きほんたかみず》が過大である――などを治水上における根拠として反対してきた。

これに対して、国は「川辺川ダム事業について」（平成一〇年七月）、「球磨川水系の治水」（平成一三年一〇月）、「川辺川ダム建設事業Q＆A」（平成一三年一〇月）を発刊し、ダムに比べ割高になる代替案を列挙するなどして、ダムの優位性が一方的に喧伝された。

二〇〇二（平成一四）年一一月、住民側は、「球磨川の治水と川辺川ダム」（パンフレットシリー

川辺川で遊ぶ子どもたち

ズ№.４）を発刊し、国計画の基本高水毎秒七〇〇〇トンはそのままでも、工夫すれば川で流すことが可能であることを国交省のデータをもとに数字で示した。

二〇〇一年一二月から始まった「川辺川ダムを考える住民討論集会」（以下、住民討論集会）では、河川改修によって流下能力（川で流すことのできる流量）が拡大していることを示し、川で流すことを基本に、遊水池、河床掘削、森林保水力の向上などを総合的に考えることで、ダムに替わる対策が可能であることを論証してきた。

住民討論集会は、ダム不要を決定づけるまでには至らなかったが、双方の主張は「平行線」（マスコミ評）で押しとどめた。これは、技術力や資金力、そして業界をバックに圧倒的な権力を有し、データを独占する国に対して一歩も引くことがなかったことで、「ダム絶対」論を突き崩し、「ダムなしでも治水は可能」という科学的な根拠と確信を与えたことに大きな意義があった。

二〇〇六（平成一八）年四月から、国交省による（球磨川の治水計画を定める）基本方針策定のための検討小委員会が開かれたが、ここでもダム建設に反対する住民側は、委員会を傍聴し要望書を提出して、委員会毎に反論する作業を繰り返した。住民の声に応えた潮谷知事の奮闘によって、「基本高水は数字合わせである」ことを徹底的に明らかにした（別記1）。

しかし、それでも国主導の委員会の結論は変わることはなく、二〇〇七（平成一九）年五月に潮谷知事らの抵抗を押し切って、球磨川水系河川整備基本方針は過大な従来計画を変えることなく決定した。

潮谷知事の後を受けた蒲島知事は、二〇〇八（平成二〇）年五月に川辺川ダムを検討する専門家会議を招集したが、会議では「基本高水は議論しない」とした。これはダム問題の本質を避けることであったが、逆に言えば、ダムを建設するための（行政側の）根拠となっていた「基本高水」が住民側主張によっていかに（行政側にとって）確信の持てない、ダム建設の根拠たりえないものに、この時すでになっていたかを示している。

この間も、住民側は、現地調査や住民からの聞き取り調査、学習会や集会の開催、行政への要請行動、書誌の発行、広報活動などによって自らの主張を補強し、住民に広く知らせてきた。

これらの運動の積み重ねと主張が世論となり、その世論に依拠して、二〇〇八（平成二〇）年八月二九日には徳田相良村長が「ダムは容認できない」、九月二日に田中人吉市長が「白紙撤回」をそれぞれ表明し、九月一一日に蒲島知事が県議会で「白紙撤回し、ダムによらない治水計画を追求する」ことを表明した。

この後、蒲島知事は、「川辺川ダム以外の治水対策の現実的な手法について、極限まで検討し、地域の安全に責任を負う者の間で認識を共有する」ことを目的とした「ダムによらない治水を検討する場」の設置を提起した。国・県・流域の関係自治体首長による「ダムによらない治水を検討する場」は、二〇〇九（平成二一）年一月の第一回から二〇一〇（平成二二）年三月の第七回まで開催されている。第五回からは、政権交代によるトップダウンの政策転換によって、傍観していた国交省自身が「ダムによらない治水」を提案する側に回っている。

二　川辺川ダム問題のこれから

二〇〇九（平成二一）年九月、川辺川ダム中止を公約とする民主党が政権についたが、五木村の生活補償問題があり、当面、特定多目的ダム法（基本計画）や水源地域対策特別措置法の適用などは存続する形をとった。これらが残っている以上、法的にはダム計画はなくなっていないことになる。

大型公共事業中止の際の事後処理の仕方については、今後、国会において新たな補償法の制定が進められることになっている。

そこで、ダム中止を確実にするために、現状でもできることは、「ダムによらない治水の推進」であり、ダムによらない治水を「河川整備計画」として法定化することである。そのことによっ

上：ダム湖に沈むはずだった五木村
下：水没のため取り壊されたかつての五木東小学校

て、少なくとも今後二〇〜三〇年間は、ダム以外の河川整備のみを推進することができる。「安全度」と「基本高水」がダム計画を推進するための「唯一の根拠」であり、「数字合わせ」にすぎなかったことが明らかになっているが、今すぐこれを見直し、皆が納得する妥当な数値と根拠を示すことは容易な作業ではない。また、容易ではないことを共通の認識としなければ「ダムなし治水」の議論も進まない。この見直しを中心に据えてしまえば、再び住民の目の届かないところでの議論が再燃する。

基本高水については、当然、科学的な検証が進められなければならないが、森林保水力の評価や気候変動、地域ごとに異なる特性等もあり、降雨や水位、流量の観測データの蓄積、実証実験なども必要である（二〇〇四〜〇五年度に住民討論集会の争点を明らかにするために、森林保水力の共同検証が国・県・住民参加で行われている）。

一方、全国の河川の治水安全度は総じて低い現状にある。このために、一九九七（平成九）年に河川法が改正され、河川整備基本方針と整備計画を策定することになった。法改正の趣旨は、「遅々として進まない河川整備（地域の安全確保）を当面の目標を掲げて速やかに実現しよう」とするものであった。

法改正の趣旨からすれば、議論が分かれ、結果に結びつかない基本方針は一時的に棚上げしたうえで、整備計画に基づく緊急な河川整備を進めることが重要である。

その上で、基本方針についての検証を行っていくことが必要であるが、これは、一河川の課題ではなく、全体の問題として取り組む必要がある（二〇〇九年一二月三日、国交省は「今後の治水対策のあり方に関する有識者会議」を設置し、この問題も含めた審議を始めた）。

基本方針の目標が百年に一度などというわかりにくいものであるのに対して、河川整備計画では「戦後最大流量」などを目標にしている。これは実際に発生した洪水を指標にしているもので、専門家でなくても普通に流域に暮らす住民が実感できるものである（「戦後最大流量」であれば、一九四五年～二〇〇九年の六四年間の最大であり、現在では、一生のうちに一度経験するかどうかという程度にまで達しつつある）。

行政は、過大な長期計画に振り回されることなく、今、暮らしている住民のために目標とする洪水を安全に流すための事業を、速やかに達成するように努めなければならないし、それでも防ぎきれない大洪水によって住民の生命が失われないような施策を、日常的に住民と共に講じなければならない。

住民が主人公の治水対策を実現するためには、このような全体の治水計画のあり様、進み方を含めて、必要な情報が住民に正しく知らされなければならない。

三　ダム問題の解決、今後のために

新政権の前原国交相は、全国のダム事業見直しの方針を決定し有識者会議をスタートさせた。会議では、①幅広い治水対策の立案手法②新たな評価軸の検討③総合的な評価の考え方の整理④今後の治水理念の構築――などについて検討、河川整備の根本的考え方を見直すとしている。二

○一○（平成二二）年夏までにダム事業の継続・凍結を判断する基準や検証方法を中間報告にまとめ、来年夏までにダムに替わる総合的な治水対策を提言することとなっている。

この場合、基本高水や安全度の問題と、ダムによらない代替案の問題が最大の課題である。

この問題は、これまでも全国のダム問題の闘いの場で、国交省と住民の間でさまざまな議論が行われてきたところであり、これらの意見を集約することがまず必要である。

川辺川ダムでは、住民討論集会や、住民討論集会を追体験したという基本方針検討小委員会などにおいて、国交省と住民側がお互いの意見をぶつけあった経験がある。

新政権が川辺川ダムの建設中止を発表したが、地域では「ダム中止」は既定の事実として比較的冷静に受け止められている。それよりも、現に「ダムによらない治水」の実現に対する関心が高い。球磨川流域のこの反応は、先の二つの問題（基本高水と代替案）に対して、これまでに住民側が示してきた代替案が一定に評価されているからにほかならない。

こうしたこれまでの住民自身による国交省との議論や学習、現地調査活動等によって明らかになったことで、今後検討を進めていくうえで参考になると思われるいくつかの点について、次に示しておく。

(1)真の代替案《だいたいあん》

公共事業の評価は、学識者や地域活動のリーダーなどによって組織された審議委員会や評価委員会などによって、客観性を装って行われるが、ほとんどの場合、事務局は事業者が行う。

事業評価では、代替案が示され比較検討されるが、それは真に代替案と呼べるものではない。審議会などに出される代替案は、いずれも事業者が作成し、事業者は事業案の優位を損なわない範囲でしか代替案を作成しない。審議の過程で住民側から様々な提案が行われるが、それは単なる要望として扱われ、同等に扱われることはなかった。

これからは、住民側が作成するものだけを真の代替案とし、事業者は代替案の作成のために必要な援助を行うことに限るものとする。このことが実践されたのが、前の淀川流域委員会であった。淀川流域委員会は事務局そのものを民間に委託し、代替案は一から委員会で検討された。また、熊本方式と呼ばれた住民討論集会も、住民側代替案が衆目を集めて議論の対象となった初めてのケースであった。

(2)代替案のいいとこ取り

代替案の比較においては、個々の代替案に全く同一の機能を求めるべきではない（計画が毎秒七〇〇〇トンの洪水対策なら毎秒七〇〇〇トンを達成しなければ「代替案」と認めないとするような完全一致の比較方法）。それよりも代替案によって達成可能な機能と代替案のメリット、デメリットを代替案毎に検証し、明らかにすることが大切である。

これまでの比較のやり方では、互いが自らの優位性のみを強調し、相手のデメリットばかりが強調される。そのことによって、個々の比較案に対する公正な判断が妨げられ、代替案の可能性を否定する結果になってきた。蒲島知事の提唱で始まった「ダムによらない治水を検討する場」

は、このことを「究極」という言葉で表現し、さまざまな「代替案」の組み合わせを模索している。さらに、代替案には「作らない」という選択肢が常に含まれるべきであることも、この間の代替案の議論に不足していたことである。

⑶基本高水《きほんたかみず》

現在の基本高水(流量)は「数字合わせ」にすぎない。したがって正当な根拠を持たない。しかし、一旦決めてダム計画が事業として動きだせば、それを変えることは、「今まで何をしてきたのか」と行政責任を問われかねないため、基本高水は変えることができなかったこと、そのために数字合わせ・つじつま合わせを繰り返してきたことが明らかになっている。

これらの事実は、国交省の内部会議の議事録（別記２）で明らかであり、情報公開資料によっても、国交省がコンサルタントを使い、数字合わせの検討を十数年に亘って、繰り返し行っている事実からも知ることができた。

また、国交省には国総研（旧土木研究所など）という研究機関があるが、最も重要な工学的課題である基本高水や安全度の問題については、流量の計算方法に数多くの研究実績がありながら、緻密な計算によって求められた結果の取り扱い（採用値）は、結局、河川管理者に任せられている。そして、ダムを必要とする現行計画を変えないという方針に従って、整備局が数字合わせし、認めた数値だけが小委員会に報告され、お墨付きを与えられるというシステムとなっている。

「安全」という、住民や防災上の責任者たる地域の首長にとって有無を言わせないものさしを振りかざし、「過大」な計画がまかり通ってきた。

⑷余裕高《よゆうだか》

住民側「球磨川の治水と川辺川ダム」では、余裕高の見直しと堤防嵩上げによって基本高水流量を流すことが提案された。また、国交省が作成したＨ—Ｑ（水位・流量）図などによってそのことが証明された。また、平成八年のダム審議委員会資料によっても、河川本来の流下能力の可能性を確認できた（別記３）。

その後、国交省の内部会議の議事録が公表され、「余裕高があればダムはいらない」ということが決定的となった（別記４）。

これらのことから、総じて、ダムによる効果は下流の水位に換算すればほんのわずかであり、河川の計画上の「余裕高」の範囲内に収まること。これによって、ほとんどのダムは治水上必要とされないこと。また、そのことは行政内部においても問題意識としてありながら、ダム建設を存続するために顧みられることがなかったことが明らかになった。

国交省は、「ダムによらない治水を検討する場」で自ら提案する側に回ったが、その中ではダムを前提にした「計画高水」や「余裕高」に固執する姿勢も垣間見られるものの、第六回の検討する場では、「少なくとも堤防を越さない対策を行う」と説明している。これは、「堤防さえ越さなければ（とりあえず）氾濫しない」ということを表明しているもので、河川管理者としては、大きな考え方の転換であり、直接的な表現ではないにしろ「余裕高」に踏み込んだところに大きな意味がある。

⑸国民の財産である内部資料の公表と活用

川辺川に反対する住民側は、情報公開によって、国土交通省から「球磨川治水計画検討業務報告書」等の球磨川、川辺川ダムに関する数々のコンサルタント業務報告書を入手した（すべて有料）。技術的なバックデータを一切持たない住民側が、専門的・技術的に国交省と対峙するためには、国交省の技術的なバックデータを知る必要があった。入手した資料に基づいて議論を展開することができれば、国交省は認めざるを得ない。また、時に国交省が公表していない事実も明らかにすることができる。

たとえば球磨川（川辺川ダム）では、以下のようなことが明らかになった。

①萩原堤防（「球磨川萩原地区河道湾曲部水理模型実験業務報告書」などによって）

基本高水流量でも水位は計画高水位（ＨＷＬ）程度であること。現堤防では二〇〇年規模の洪水（毎秒一万トン）でも流せる事実を明らかにすることができた。ダムがなくても河川の改修だけでよいことが明らかになり、ダムがなければ八代市街が水没すると見込んだ事業効果が消失し、ダムの費用対効果が破綻した。この対応のため国交省は、同箇所で予定していた「フロンティア堤防（難破堤防）」の工事を中止した。フロンティア堤防は、国交省が莫大な事業費を注ぎ込んで進めているスーパー堤防事業（河川工事に名を借りたデベロッパー事業と批判されている）にも影響を与えるため、この後、全国的に取りやめとなった（別記５）。

②人吉市街部洪水水位（「球磨川河道水位検討業務報告書」などによって）
人吉市街の河川改修による効果を一九六五（昭和四〇）年、一九八二（昭和五七）年の最大洪水をもとに検証した結果、人吉市街では堤防を越水することはないという結果になっている。
③球磨川現況流下能力（同前他）
計画高水位（ＨＷＬ）は包括的な計算水位であり、地区毎に見れば、実際はかなりのバラつきがある。地区によっては相当な流下能力を有しているところもあり、改修も必要ではないような箇所もある。対策を検討するうえでの基本的データとなった。
④基本方針、整備計画、ダム計画（「球磨川治水計画検討業務報告書」「球磨川水系河川水理検討業務報告書」「川辺川ダム水理関連検討業務報告書」などによって）
治水計画の基となる基本高水流量の検討は何十年も継続して実施されている。検討結果は、毎秒五〇〇〇トンから毎秒七〇〇〇トンまでの様々な検討案（数値）が存在する。毎秒七〇〇〇トンはそれまでの解析手法を変えて最後に数字合わせした結果である。降雨のパターンによっては川辺川ダム・市房ダムがパンクする計算結果なども記載されている。

このように基本方針や安全度、余裕高の問題は、国交省の職員も含めて多くの関係者が疑問を持っていたものでありながら、その問題に触れることはタブーとされ、そのことによって「ダム不要」の声は抑制されてきた。討論会などの中で、住民側はこれらの事実を示して追及したが、国交省は「ひとつの検討結果にすぎない」「担当者の勘違い」などとして、「省としての考えではない」と認めることはなかった。

現在、国レベルの行政オンブズマン制度がないため、国の行政に不服がある場合は住民自身が申し立てなければならないが、それにはとてつもない労力と資金が必要になる。これから先、誰がこうした行政内部の問題点を明らかにし、タブーを打ち破って転換させていくのかが問われている。「行政主導から政治主導へ」が新しい政権の方針であるが、公共事業については、あらためて「行政主導から住民主導へ」の転換が求められている。住民主導を保障するバックボーンとして議会が機能することが必要である。議会が住民の立場から「行政が住民のための仕事をするよう」に監視する、「住民が必要とする行政情報の開示」を指導することなどが重要である。そもそも税金を使って作られた「データ」や「調査・検討報告書」「公務員の仕事」等は国民共有の財産である。いつでも、どこでも、誰でも必要な時に閲覧し、使用し、説明を求める権利が保障されなければならない。

さらに、行政の問題を一番よく知る行政内部の職員が、自浄作用を発揮すべきである。どんな職員も、政治や業界、そして省益、慣行という様々な圧力の中で、自らの生活を犠牲にしてまで政策を批判することはできることではないが、それらの圧力から解放されれば、国民にとって有益な様々な意見表明や政策提案が行われることだろう。そのために職員からの意見を受け取り、調査し、公開する機関が必要である。機関は完全に独立したものでなければならないことは言うまでもない。このことによって、政治家や業界、省益の圧力を受けた行政のムダを洗い出し、排除することができる。

第二章　球磨川のダムなし治水（案）

一　球磨川のダムなし治水とは（川辺川ダムをつくらないこと）

これまでの経過から明らかなように、球磨川の「ダムなし治水（ダムによらない治水）」とは、「川辺川ダムを作らない場合の球磨川の治水計画」ということである。

もちろん、この場合、全てのダムが不要とは考えられない。既に流域に存在する治水（防災）ダムの市房ダムや清願寺ダム（あさぎり町）などは、その効果を治水計画に位置づけることが必要とされる。さらに、ダムが安全に役割を果たすように、ダムに堆積した土砂の撤去や操作ルールの見直しなど、機能確保の対策が検討される必要がある。

二　ダムなし治水の実現のために（流域住民の理解と行動）

球磨川で「ダムなし治水」を実現するためにもっとも大事なことは、流域住民の皆さんや議会の皆さんが、「ダムなし治水」を知ることである。「ダムなし治水」の意味や目標、限界を正しく理解してもらう必要がある。また、今の時点で「ダムなし治水」に一〇〇％完全な治水を求めることは正しくない。それは、実現可能なダムの代替案が存在しないということではない。今すぐやろうとしている「ダムなし治水」は、治水の長期計画を達成するまでの途中段階の暫定的なものになるという意味においてである。この点を正しく理解してもらうことが大切である。

将来の球磨川で治水上ダムが必要になるのか、必要でないのかは、今回の「ダムなし治水計画」を達成した時（二〇～三〇年後）以降に、その時の社会的条件、自然的条件などから流域住民が再び判断することになる（別記６）。

流域住民は、自ら選択（支持率八二・五％）した「ダムなしの治水」の実現に向け、自ら行動を起こさなければならない。自ら選択した「ダムなし治水対策」の（案）づくりに積極的に参加し、意見を述べ、その策定に関心を持つことが必要である。

また、洪水に対して、水防活動や避難・誘導体制など必要な備えを行い、洪水被害を住民の協力によって防ぐことも、「ダムなし治水」の重要な柱である。「ダムなし治水」の理念は球磨川との共存であり、ダムなし治水で想定する洪水を超える洪水では水害を被ることもある。そのために、水害をできるだけ小さくし、少なくとも人命を損なわないための「減災」の取り組みが重要になる。この取り組みは住民の理解と協力、行動なくしては実現できない。

※「ダムによらない治水を検討する場」の資料及び議事録は、国土交通省八代河川国道事務所のインターネットホームページ上にある（http://www.qsr.mlit.go.jp/yatusiro/）。

三　ダムなし治水の進め方（河川法に則り「河川整備計画」を策定する）

全国の一級河川では、河川整備基本方針の策定が完了し、現在、河川整備計画が策定されている段階にある。基本方針は長期計画であり、その達成には莫大な予算と年月を要する。このため、長期計画の達成に至る当面の事業計画として段階的（暫定的）な河川整備計画が作られる。

ダムは治水計画の中の洪水調節施設の一つである。ダムが複数計画されている河川もあれば、ひとつも無い河川もある。河川整備基本方針で洪水調節施設が必要であっても、当面の河川整備計画ではダムを作らない河川も、大野川（大分県）や多摩川（東京都）など全国には多数ある（別記7）。

結局、「ダムによらない治水の検討」とは、河川法上の河川整備計画を検討することであり、その整備（事業）メニューに最初から「川辺川ダム」は入れないということである。

ダムなし治水計画は、河川法に則り、川辺川ダムを入れない「球磨川河川整備計画」を策定する作業である。

幻と化した「川辺川ダム」完成予想図

また、河川法に基づく「河川整備計画」を策定することには次の意味がある。

⑴川辺川ダムをつくらないことを決定

河川整備計画は河川法に基づき策定される事業計画であり、これによらなければ現在行われている事業以外の新規の事業は実施できない。これは、「川辺川ダムを作らない」ということを宣言することでもあり、新たな「ダム以外の代替案」を実施する約束でもある。

一方で、「ダムなし治水を検討する場」は、法的位置付けがないその場限りのものであるために、一定の結論が出たとしても、それは計画を策定する国交省にとって一つの（案）にすぎない。国交省が「ダムが必要」と判断すれば、二〇〇八（平成二〇）年八月二〇日『熊本日日新聞』報道のダム（案）を再び出してくることも可能である。疑問に思っても、「河川法の手続きに外れたことではない」と言われれば反論できない（別記8）。

そうさせないためには、「ダムなし治水を検討する場」で、ダムなし河川整備計画を策定する方針をしっかりと確認することである。そのうえで、「ダムなし治水を検討する場」で得られた「ダムなし治水（案）」を「球磨川の河川整備計画（案）」の元として決定することが、より確実なダムなし治水実現の約束となる。

(2)これからの全国の河川整備の標準は「ダムなし」

「河川整備計画」策定が河川法に基づく正式な河川整備のあり方、進め方であることを住民に理解してもらうことによって、「ダムなし治水」に対する不安を拭い去ることができる。

・ダムなしの「河川整備計画」は、特殊な事例ではないこと。今は、全国どこの河川もほぼ同一の安全度（二〇〜三〇年に一度とか戦後一、二番目の洪水程度）を目標として整備を進めている。

・多くの河川で、基本方針では洪水調節施設（ダム等）を計画しながら、整備計画では先送りしている。つまり「ダムなし」は、球磨川以外の他の河川でも、当面する河川整備の段階では普通のことである（別記9）。

・このことは、ダムなし治水対策に対して「安全度を下げることがあってはならない」と危惧する意見に対する安全の考え方の回答になる。

※この点では、マスコミ報道においても、例えば、「球磨川の河川整備計画（案）が目標を三〇分の一とした」

場合に、「球磨川では一〇〇分の一の安全度を三〇分の一に下げた新たな計画（案）を策定した」というように、誤解を招く内容が見られるが、河川整備計画は、どこの河川でも定めるものであり、標準が三〇分の一程度、新たな計画でも、安全度を切り下げたものでもない。

(3)河川整備計画策定の段階では、流域住民の意見を聞き、反映することが法的に義務づけられている

新河川法施行以来一二年が経過しながら、球磨川で未だに河川整備計画が策定されない（策定に至るスケジュールさえ示されない）状況は、行政の不作為と言われても仕方のないことである。国交省は、①どうしても整備計画に川辺川ダムを書き込みたい。②そうでなければ「ダムなし治水の検討の場」と「河川整備計画」はリンクさせない。③そのために整備計画の策定作業を引き延ばしている——と批判が出るのも当然である。

国交省は、ダムなし治水が民意として定まり、話し合いのテーブルについた以上、県、流域首長や住民と同じ立場でダムなし治水対策（ダムなし「河川整備計画」）策定に誠心誠意努力すべきである。また、その姿勢が真実であるなら、「ダムなしの『河川整備計画』を策定する」ことを公式の場で表明すべきである。それがダムなし治水を現実のものにするかどうか、関係者の本気度を示す試金石となる。

政権交代後、国交省の姿勢は一変し、自らダムによらない治水を提案する側に回っているが、今のところダムなしの「河川整備計画」を策定するという表明は行っていない。

【河川整備計画の目標】

現行河川法では、河川整備計画の目標とする安全度を何十分の一とは定めていない。河川整備計画はあくまで、当面二〇〜三〇年間に実施する地区毎の河川の整備計画を策定するものである。何年経っても実現しない長期計画より実現可能な整備計画を定めることを主眼とし、現実的な対応を可能としている（別記10）。

別の言い方をすれば、現行河川法では河川整備基本方針で「洪水調節施設」が計画されても、それが「何」なのか、「いつ」「どこ」に作るのかなどが決まらないからと言って、河川整備計画が策定できないとはなっていない。

例えば、大分県の大野川では矢田ダムが中止になったが、それに替わるものが何なのかは未だに示されていない。しかし、大野川の河川整備計画は全国で最初に作られ、ダム以外の河川整備は毎年着実に進められている。

また、熊本市中心街の白川でも一五〇年に一度の洪水に対応する整備がいつできるのか、実現の可能性はあるのかなどは何も示されていない。しかし、誰もそのことに不安を持ち、不満を表明する人はいない。逆に、白川も全国に先駆けて河川整備計画が策定され、現在は、当面の整備水準の引き上げのために、「緊急対策特定区間」整備事業計画によって他の河川よりも事業が進められている。

川内川の基準点川内の基本高水流量は毎秒九〇〇〇トン、ダム調節後の計画高水流量は毎秒七〇〇〇トン、二〇〇六（平成一八年）七月洪水の確率雨量は五〇〇分の一で流量は毎秒八四〇〇トンだった。しかし、二〇〇九（平成二一）年七月二一日に策定された川内川河川整備計画の整備計画流量は毎秒六〇〇〇トンにすぎない（整備計画目標であれば鶴田ダム増強は不要なのだが？）。「今、球磨川・川辺川で一〇〇分の一～八〇分の一の長期計画を達成するための議論は必要ではない」という理由はここにある。ダムによらない治水を検討する場に、長期計画を持ち出すのは、住民の安全を守ると言うよりもダムの必要性を示したい、ただ、それだけのことのようだ（別記11）。

今、球磨川・川辺川で必要なのは、ダムに翻弄され、他の河川よりも整備を遅らされてきた球磨川・川辺川の河川整備の水準をどれだけ速やかに引き上げるかという現実的な議論である。そのための事業計画を速やかに作成することが重要であり、それが当面の「河川整備計画」になる。

四　ダムなし治水の基本条件（ダムなしで「戦後最大洪水」から守る）

以下を、「球磨川のダムなし治水」（球磨川河川整備計画）の基本条件とする。

（1）川辺川ダムはつくらない。

（2）ダムなし治水の目標とする洪水は、戦後最大洪水相当の一九八二（昭和五七）年七月洪水とする。

人吉地点の計画流量は毎秒五五〇〇トン（うち河川流量は最大毎秒五四〇〇トン、市房ダム調節量は毎秒一〇〇〇トン）とし、河川整備は毎秒五四〇〇トンを対象とする。ただし、市房ダム調節量はその時の降雨（流量）の状況によって異なる。

※国交省が対象としている一九六五（昭和四〇）年七月洪水の流量は、実績ではなく推定である。国交省はこれまで、昭和四〇年七月洪水の河川流量は約毎秒五〇〇〇トンと言ってきたが、最近になって氾濫やダム調節分を入れると毎秒五七〇〇トンと言い始めている。その差分毎秒七〇〇トンはあくまで計算値であり、「どうにでもなる」数値との批判がある。その点で、昭和五七年七月洪水は実際の観測値を基にしており信頼性が高い。また、昭和四〇年以降の河川改修や観測所の整備などによりデータの精度も高い。

※仮に昭和四〇年七月洪水の計算が正しいとした場合は、人吉地点の計画流量（参考値）は毎秒五七〇〇トン（うち河川流量は最大毎秒五四〇〇トン、市房ダム調節量毎秒三〇〇トン）で河川整備は同じ毎秒五四〇〇トンが対象となる。

ちなみに昭和四〇年洪水は国交省では三〇分の一～五〇分の一程度の規模と計算している。

（３）ダムなし治水の整備計画では、従来のように代表地点の流量（計画高水）で目標を表現せず、流量から求められる各地点の水位を治水計画の目標・基準とする（従来の「計画高水位」ではなく「目標水位」）。

（４）事業を速やかに達成する観点から、八代、中流、人吉、川辺川、上流などの地域ごとに異なる目標も可能とする。

※例えば、八代は三〇分の一で中流は二〇分の一、人吉は三〇分の一、川辺川は二〇分の一、上流は三〇分の一などと、現在の整備の状況や地域の社会的状況（人口・資産・土地利用・公共施設）を考慮した地域

毎の整備目標規模を定めることを可とする。

（5）大規模洪水（今回目標とする「戦後最大規模」の洪水を上回る洪水）に対しては、完全に治水施設で防御することは困難であり、溢れることも想定する。そのために必要な河川外での減災対策や、避難・誘導・水防、被害補償保険などのソフト面での対策を整備する。

※これは日本中のどこの河川も同じ考え方。たとえば白川の長期計画は一五〇年に一度の規模で、当面の整備計画の目標は二〇～三〇年に一度の洪水（近年最大）を防御することである。つまり、この二〇～三〇年間に整備計画の目標を達成しても、大規模洪水（整備計画以上）の時には、熊本市内のどこかで浸水被害が発生することを前提にして、ハザードマップの作成や住民参加の訓練などソフト面での対策が併せて進められている。

（6）暫定的、段階的、柔軟なさまざまな住民意見を取り入れた川づくりを、住民の合意を得て進める。国土交通省は出された提案を技術的に検証し、助言し、フォローすることに徹する。

（7）現在進められている河川改修事業（八代地区高潮対策、萩原地区深掘対策及び堤防強化対策、中流地区築堤護岸及び宅地嵩上げ、人吉・川辺川地区等河床掘削、上流地区築堤護岸）については、知事大臣会見（二〇〇八年一〇月二八日）に基づき、ダムなし治水の検討とは別にしてスピード感を持って実施する。

五　ダムなし治水を阻んできたものを見直す

（1）通常の「河川整備計画」の策定作業は、国交省が原案を作成し、専門家、住民、自治体首長の意見を聴いて決定することになっている。しかし、国交省の法解釈は、「河川管理者に義務づけているのは意見を反映させるための必要な措置を講ずることであり、必ずしも意見に応じて案の内容を変更することを義務づけたものではない。河川管理者は住民の意見を十分検討した上で計画の案をどのようにすべきか判断する」（『改正河川法の解説とこれからの河川行政』建設省編）となっている。

そのために、全国の河川で住民意見の聴取は形骸化され、形ばかりで済ませ、ほぼ国交省の原案どおりに整備計画が決定される仕組みになっている。また、流域委員会等で国交省の思惑と異なるような審議が行われた場合には、国交省がそれを認めないということが現実に起こっている（淀川）。

球磨川の場合、「ダムなし治水」を検討する場に国交省、県、流域自治体首長が参加しており、また、流域住民の八五％が支持した「ダムなしの治水」という大きな方向性が示されているわけであるから、これを中心に据えて、河川整備計画（案）を策定するための事前の協議として位置づけることが理にかなっている。

この中に、住民が参加をするようにした上で、まず、出水の規模に応じた水位縦断図を国交省が示す。対策案を住民、自治体、県が提案する。国交省が検証、補足し、住民が主体的に対策の規模と対策工を決定する、というような流れにする。

（2）球磨川のダムなし治水では、ダムありを前提とした国土交通省の「常識」である「河川管理施設等構造令」や、技術の標準を示した「河川砂防技術基準」などで、明確な科学的根拠に基づかない基準については金科玉条とせず、杓子定規な適用はしない（別記13）。

例えば、「計画高水位（ＨＷＬ）を一センチでもオーバーすれば堤防が決壊する」「堤防の厚みが少しでも足りなければ堤防と認めない（スライドダウン？）」「河川整備は下流からとして下流が終わらないうちは上流の整備はしない」など、住民が理解できない、説明責任が果たせないような立場はとらない。そのことによって生じる相当なマイナスが説明されない限り、たとえば余裕高の範囲内であれば、なんらかの安全対策を施せば洪水を流せる堤防高さとしてみなす。

また、堤防強化対策、堤防嵩上げなどは徹底して既存の施設を使用する。これまでは少しでも「構造令」や「基準」を満足していなければ、全て作り直すことが行われている。しかし、既存の施設を取り壊して新しく作り直すのでは多くの資金と時間を要する。このことが、河川の整備が進まない一因ともなってきた。それよりも、徹底した既存施設の点検・補修・工夫によって、既存施設をできるだけ壊さずに長く安全に使えるように検討する。これらの対策についても住民参加の「検討する場」での意見を反映する。これら構造基準に準拠しない場合、対策実施後は定期的な点検と観察を継続し安全を確認する。

（3）ダムなし治水を究極まで突き詰めるという立場から、遊水池をはじめ、例えば、人吉市内中川原公園の切り下げ、中流地区で点在する浸水家屋の「移転」、荒瀬ダム、瀬戸石ダム撤去などさまざまな提案に対してタブー視することなく、効果と可能性、経済性などを検証し、効果があれば、その施策に伴う環境悪化に対応する代替案と合わせて率直に提案する。

（4）実は、ダム代替案を実現しようとする時、ここに示した基準やタブーが最も大きな障壁となる。川辺川住民討論集会で国交省が示した、余裕高確保のための「人吉市内の壁（刑務所の塀）」は、多くの市民の記憶に残っているのではないだろうか。

国交省は明確な科学的根拠も示さないまま、自ら定めた「法令」や「基準」を基にして「代替案は安全性を欠いている」と言い募る。これは今後も執拗に続くことが予想される。私たちは、その「法令」や「基準」そのものに疑問を持ち、見直しを求める。

六　ダムなし治水対策（案）

以下に示す対策（案）は、治水に焦点をあてた一つの案である。治水事業（工事）は、地域住民の生命・財産を守るためのものであるが、施設によっては川や地域の景観、生態系などの環境を悪化させたり、川とのつながりを遮断するなどの影響も生じることから、地域づくりに密接に関連する。このため、その選択は住民の合意に基づき行う必要がある。

整備計画対象洪水によって危険になる箇所の「ダムなし治水対策（案）」（現在進行中の河川改修事業を含む）は、築堤・護岸、堤防嵩上げ、堤防補強及び河道掘削を基本とする。

第三回の「検討する場」で県が示した対策案の問題点は、治水事業の基本であり、効果の確実性と実現の可能性が最も高く、早期実現が可能な「築堤、堤防嵩上げ、堤防補強等」を最後列におき、竣工までに長期間を要する対策を主に検討していることにある。このやり方では合意形成

既設堤防を約 70cm 嵩上げした例

70cmの嵩上げは人吉地点なら毎秒500〜1000トンの流下能力増になる。これは市房ダム2個分の洪水調節量に相当する。つまり、わずかにコンクリートを継ぎ足すだけで自然環境になんの影響を与えることもなく、何百億円かのダムに匹敵する効果を発揮できる。

が長期化し、第二のダム問題になる危険性がある（別記12）。

県案は、「河道掘削＋引堤＋市房ダム再開発＋遊水池」となっている。究極といいながら対策工は、市房ダム再開発を除けば、国交省が住民討論集会や基本方針検討小委員会で（ダムの優位性を示すために）ダム代替案として引き合いに出し、ダムより劣ると否定したものばかりである。

国、県が後回しにした「堤防嵩上げ」こそ、当面して実現可能な主要な対策に位置づけるべきであると考える。堤防嵩上げは、既存施設の能力をギリギリまで最大限評価し活用する案である。確かに景観などの面では住民に影響を与え、河川水位の上昇によってリスクも高まることになるが、何よりも河川内を改変せず川の流れを変えないという大きなメリットがある。「堤防嵩上げは最後の手段（必要最小限）とする」ことの根拠にしている国交省のあいまいな基準（別記13）は取り払い、堤防や護岸を改めて検査して活用する。「究極」と言うのであれば、これを後回しにする理由はない。
なお、ここで言う「堤防嵩上げ」は既存の堤防をそのままに、あるいは堤防を補強したうえでの「余裕高」部分を洪水の流れる高さとみなし、計算上の流下能力を増やすことを含んでいる。

ダムなし治水対策案の実施手順

①対象とする洪水・流量の確認（「河川整備計画」の位置づけ理解、整備目標決定）
②既設ダム（市房ダム、清願寺ダム）による効果（流量・水位の低減）の確認
③既設ダム効果を見込んだ全地点の目標流量と水位の確認
・現在の堤防高、現在の地盤高で計算して確認
・現在の河川改修達成時点（中流地区嵩上げ計画含む）の堤防高、地盤高で計算して確認
④堤防から越水しない高さの確保を最低限の目標として達成するため
・未整備箇所の築堤、輪中堤、宅地嵩上げ実施
・整備済み箇所の堤防嵩上げ、堤防補強、宅地再嵩上げ、建物の耐水対策等を実施
・高さを確保できない箇所では河床掘削を実施
⑤避難誘導体制、設備等のソフト対策の検討、整備

地区毎の対策案（実施中の改修工事を含む）

①八代地区　河口部高潮対策、萩原地区深掘対策及び萩原地区堤防強化対策

八代市高田地区（球磨川左岸）の国交省がシミュレーションで想定している破堤箇所の堤防強化対策

②中流地区　宅地嵩上げ、輪中堤、宅地嵩上げ済み箇所の護岸嵩上げ及び宅地・建物の耐水対策、荒瀬ダム・瀬戸石ダムの堆積土砂除去及び撤去による水位低減効果検討

ダム撤去に伴う護岸補強、球磨川沿いＪＲ・道路の耐水対策検討（浸水しても安全な対策）

③人吉地区　堆積土砂除去、既設護岸の嵩上げ、更新及び堤防満杯でも壊れないような補強、溢れた場合の宅地・建物耐水対策、突出部（第一索道）解消

④川辺川地区　堆積土砂除去、築堤、輪中堤

⑤球磨川上流地区　河川内堆積土砂除去、清願寺ダムの堆積土砂撤去、その他の対策

⑥球磨川に架かる橋の耐水対策（浸水・越水しても安全な対策）

⑦現在、内水・外水によって浸水している箇所の遊水池としての利用の検討と活用田・畑地の洪水貯留機能（遊水池機能）と可能性の検証と活用及び補償のあり方の検討

⑧森林整備事業の推進

⑨市房ダムの治水容量不足解消のための対策検討

特に六月一一日〜七月二一日、九月三〇日〜一〇月二〇日は通常の半分しか容量がない。

⑩ソフト対策・危機管理等

社会資本整備審議会河川分科会答申「中期的な展望に立った今後の治水対策のあり方について

（平成一九年七月二五日）」（別記14）を参考にする。
⑪水害保険助成制度の創設（現行保険制度の活用と加入促進、公的助成制度）
〔巻頭「球磨川のダムなし治水（案）——地区毎の浸水と対策」参照〕

七　ダムなし治水対策の検討課題（案）

以下の課題は事業と並行して検討を進める。
①球磨川水系河川整備基本方針（長期計画）の見直し
②新たに設置する遊水池等の長期計画達成に向けた必要な施設等及び補償制度の検討
③緑のダムによる効果検証
④河川管理施設等構造令、河川砂防技術基準等の基準見直しとローカル・ルールの確立
⑤川辺川ダムの危険性、問題点の検証と整理
ダムの危険性、問題点は住民側から指摘したことはあっても、行政が自ら認めたものはない。この機会に公的手続きによって整理する。

八　遅らせない、今すぐできることを確実に進める

球磨川で急がれるのは、毎年のように洪水被害が発生するような危険箇所を早急に改修し、他

の改修済みの地区並みに安全度を引き上げることである。現在の工事をスピード感を持って実施することは、二〇〇八（平成二〇）年一〇月の蒲島知事と金子前国交大臣の会見での約束となっている。また、このことは、「『ダムによらない治水』は現状から一つ一つ積み上げて安全度を引き上げていく」とする趣旨に沿うものである。

現在実施中（予定含む）の主な工事

①八代地区—萩原地区深掘対策及び堤防強化対策
②中流地区—宅地嵩上げ
③人吉地区—堆積土砂除去、既設護岸の点検と補強、川の突出部解消（人吉橋左岸下流付近）
④川辺川地区—堆積土砂除去、未整備箇所の築堤及び堤防嵩上げ
⑤球磨川上流地区—堆積土砂除去

これらの工事は、「ダムによらない治水」の基本的なメニューであり、実施することによって地区の安全度は確実に引き上げられる。完成すれば、「ダムによらない治水」や「河川整備計画」の先取りとして、矛盾することなく、地域住民の期待に応えることができる。

これまでに川辺川ダム建設に毎年使用してきた予算に相当する額を持ってすれば、遅らされてきたこれまでの未改修地区を一気に解消することが可能である。

現在進行中の事業箇所、事業予定箇所を明らかにするとともに、補正予算、来年度予算において大幅な予算増を行うこと。ただし、五木村、相良村で住民が求めている生活再建に必要な予算は別枠として確保することを求めるべきである。

補足「球磨川水系における治水対策の基本的考え方」について

三月二九日開催された「ダムによらない治水を検討する場」第七回会議で、国交省は「球磨川水系における治水対策の基本的考え方（骨子案）」について説明した。

これによれば、「ダムによらない治水を検討する場」のとりまとめ結果は、「今後河川管理者が作成する球磨川水系河川整備計画（原案）へ反映」するとしている。しかし、「反映」が何を指すのかや、整備計画策定の具体的手順、整備計画の考え方などが全く示されていない。そもそも整備計画は「ダム無し」なのか、「ダム有り」なのかさえ不明である。

仮に今後（骨子案）をとりまとめるのであれば、それらの根本的な命題に対する考えを真っ先に提示すべきである。

そのうえで、国交省が示した「直ちに実施する対策」の事業費と工期については、優先順位をつけて進めるよう提案する。（◎最優先、○優先、△優先事業後、×今回は不要）

◎未対策地区の宅地嵩上げ、◎人吉下流左岸の掘削・築堤

◎内水対策（但し、「下流部改修の進捗に合わせた……」は説明を求める）

○市房ダムの操作の変更、○被害を最小化するためのソフト対策

△萩原地区の堤防補強　△堆積が著しい箇所等の掘削（但し、箇所毎の詳細検討）
△嵩上げ実施済み地区への対応　△堤防の質的強化対策
×堤防未整備地区の段階的築堤（川辺川：国管理区間）（但し、県管理区間は「最優先」）
×下流部掘削（効果疑問）

なお、各対策の評価は今後さらに検討が必要であり、優先順位は、整備内容、効果が十分説明されたうえで最終的に住民が決定することとする。

（別記）の参照記事等

（別記1）『熊本日日新聞』二〇〇九年六月一九日「川辺川ダムは問う　未来への視点　連続インタビュー（七）」近藤徹氏（元河川整備基本方針検討小委委員長）（抜粋）

――国土交通省の河川整備基本方針検討小委員会は二〇〇七年球磨川の長期治水方針を決定治水の基準値である基本高水流量（洪水時の想定最大流量）が、川辺川ダム計画を容認する毎秒七〇〇〇トンになりました。国交省案そのままですね。

「確かに基本高水を国交省案通りの毎秒七〇〇〇トンに決めた。ダム計画の数値と同じでもある。だが国交省と私の考えは違った」（中略）「この計算の変化は国交省のご都合主義、数字合わせに見えた。ただ流域はダム計画発表後、七〇〇〇トンの大水を想定し対策が進んだ。住民に長年約束してきた安全レベルは下げられない、七〇〇〇トンは守るべきと結論づけた」

（別記2）国交省九州地方整備局平成一二年度河川整備検討会「今後の河川整備の進め方」会議録及び講演録（抜粋）

発言：整備局河川事務所長、講演者（専門家）

事務所長　河川整備基本方針の考え方なんですが、従来の基本高水については、従来の工実（工事実施基本計画）の数字をそのまま簡単に踏襲できるという状況ではないというのがわかっている中で、どう処理していくかというところが今後の議論だと思います。

講演者　皆さんが整備計画をつくろうとしたり、基本方針を立てるときに、恐らく一番困っていることはデータの信頼度だと思います。今までは天井知らずの「工事実施基本計画」という、幾らでも大きいものを考えて、いつできるかわからないから、計画だからいいやと。工事のできるところからやって、何とかそこに行こうとしてきた。そういうことですから、ある面では真剣さに欠けてきた。

講演者　〇〇川は、計画流量規模が△△△トン。どう考えても△△△トンを流すためには人家が連担していて、堤防は全部できています。川底を掘らなければならないのです。本当にこんな計画流量なのかもう一度水文計算からやり直して調べてみた。要するにそんなに要らないんだということもわかったのですが、今の河川基本方針、河川整備計画の流れの中では、それぐらいのことは〇〇川全体としては考えておかなければダメだということになっている。

（別記３）平成八年　第五回川辺川ダム事業審議委員会配布資料（抜粋）

質問　現在の河道の流下能力の評価について

答え　昭和五七年洪水では、計画高水流量を越える流量（毎秒五四〇〇トン）が氾濫せずに流れていますが、通常堤防は計画高水位の上に余裕高をもって設置していますので、その余裕高部分を幸いにも流下したものです。

（別記４）国交省九州地方整備局平成一二年度河川整備検討会「今後の河川整備の進め方」会議録（抜粋）

発言：整備局幹部及び各河川事務所長

・逆に余裕高も工学的にどういうふうに決まっているのかよくわからないけれども、そういうような検討があるべきではないかということ……。

一〇センチ、二〇センチで流れちゃうんですね。……本当に工学的な観点からいくと余裕高はどのくらいあるのかというのをきちっとやって、あと、そこの余裕分はやはり流れるというふうにしていくべきではないかなと思っているんですけれども。

・ハイウォーターとか余裕高とか掘削とか計画河床、最深河床……そこをどう考えるかによって、……そこを大きめにとると、大体水は流れてしまうということになろうかと思います。

・余裕高についてですが、本明川はダム計画がございますけれども、その余裕高まで水を流すということになると、本明川ダムがなくても流せるんじゃないかみたいなところもあるわけでございます。その辺、余裕高の考え方について十分理論武装をしていかないといけないんじゃないかと考えております。

・住民との公開の中で、いわゆる隠すものはほとんどなくなってくるわけです。住民とぎりぎり議論していますから。先ほどの余裕高の議論もあるんですが、白川の場合は特殊堤を使っていまして、というのは、構造令上、余裕高というのは土堤原則の中で生まれているわけですね。そうなっていきますと、余裕高の議論というのもなかなか説明しづらくなってくる。本当は余裕高でいくと、立野ダム一つが吹っ飛んでしまうわけですね。

・そこのところを自由にやっていいよと。例えば最深河床でとか、現況の河床でやっていいよと。ハイウォーターも少しぐらい上げたらと、こうなってしまうと、そこそこ流れるんですよね。だから、そこは絶対に変えてはいかんといったら、また、大引堤をやらんといかん。そんなばかなと、こういう話もあるわけで、そもそも論としては非常に大きいんだと思うんですね。

実は大野川の、今、基本方針はもう通っていますが、あれの策定の際にそれに近い議論がいっぱいあって、要は矢田ダムをなくしたかわりの代替案として河道を掘削するのか、それとも現行踏襲でダムを別の所にセットするのかというところで大分大激論があったんですけれども、ぶっちゃけた話をすれば、大野川の場合も河道の拡幅あるいは掘削は可能なんですね、無理すれば。それで矢田ダムを一個なくしてしまうというのも、あながち全く不可能な議論ではなかったんだけれども、最終的にはやはりダムをこの時点で抹殺することについて、今まで何をやってきたのという部分をどう説明していくかということで、現行踏襲に落ち着いてしまったという経緯があります。

（別記5）河川オーラルヒストリー「戦後河川の研究と技術」吉川秀夫（抜粋）

㈶河川環境管理財団ＨＰ（http://www.kasen.or.jp/kasenlib/liblist.html）

「超過洪水対策」聞き手：河川局職員（Ｉ）

Ｉ　超過洪水対策の小委員長を、昭和六一年から六二年三月までやられておりますが、この審議会の諮問の経緯と議論の内容、そのあたりからお話しいただければと思います。

吉川　審議の内容としては、いろいろなことを考えて議論したのですが、近藤さんが熱心にやられたなかの一つは高規格堤防です。越流してもしょうがないが、堤防が切れたときに、ものすごい被害に遭う、というのが頭にあって、越流しても、何とか切れないようにしたいと。それで、堤防を緩勾配にすれば、少々水が越しても大丈夫、切れないものが作れると考えた。

その方法については、我々は意見を聞かれたわけですが、それに対していろいろな意見がありまして、緩傾斜の堤防でなくたって、いま淀川で考えられているような、ハイブリッドの堤防を拵えればいいというのは、いろいろな人が言った。

それを一番言ったのは中央大学の久野（悟郎）さんで、スーパー堤防に強烈に反対して、「土質屋としては、こんな溢流しても欠壊しないような土の堤防というのは賛成できない。そんなことをするよりは、ハイブリッドのいろいろな方法がありますから、そういったものをやっていった方がいいんじゃないか」ということで、ずいぶん議論がなされたわけですが、正式に委員会を立ち上げたときには、そういう五月蝿い人は、全部、排除されました（笑）。それで、京大の工学部長になった赤井（浩一）さんが座長格で専門委員会をつくって我々は呼ばれた。それで、どのぐらいの堤防にすれば目的を達せられるのかというのは、土研が引き受けて、「堤防の裏法を三〇分の一の勾配にすれば大丈夫です」と土研が提案したわけです。

その当時、淀川でそういう趣旨に基づいて、長谷工が川のすぐそばにマンションを作りました。そのマンションを長谷工がやるときに、「こういう条件でやれ」ということでやらせて、ただ法勾配は三〇割ではなくて一〇何割ぐらい、半分ぐらいだと思うんですけれども、河川管理者がその場防を作って、マンションを堤防の上にのっけるということで施工した。そうすれば、長谷工としては、すごく儲かるわけで、一階からでも見晴らしのいいマンションが作れる。今までは穴蔵みたいな堤防の法尻にあるはずでした。それが上に上がった。その土を盛ることだけは、河川側がやってあげて、その上に建てることは長谷工がやると。周りの環境整備は長谷工がやったと思うんですが。そういったことでやって、非常に成功した、というのがありまして、是非これでやりたいと考えた。

高規格堤防は、ハイウォーターまででよいのではないか、という意見に、余裕高を切ることに対して、近藤さんは、ものすごく反対した。安全度をここまでにする、ということは、先輩たちが決めて勝ち取ってきたことであって、それが、安全度を下げたところから高規格堤にするのは、「嫌だ」ということを主張した。そうすると、全部が余盛りの上から作られるので、どこで越水するか、また、わからないことになるので、全面的にやらざるを得なくなる。

ただ、やり方としては、「余分の土地を買わないで、土を盛り上げていって、超過洪水に対応できるということが、いい」というのは、近藤さんが初めから言っていた。

その含みとしては、どうも、江戸川などの河道掘削が、もう彼の頭の中にあったんだと思います。その掘削土を引き受ける場所を作らないと、金がいくらあっても掘れないわけです。彼は一言も言わなかったけれども、これが頭の中にあったんじゃないかと私は思います。

そういったことで、委員会としては結論を得て、それで河川審議会に持ち出すわけです。河川審議会は、ほかに問題がいっぱいあったんですが、焦点はこれになって、それで大議論になって、大場さんという農水省から推薦された委員がいたわけですが、その人が大反対して、一回目のときに席を立って帰ってしまった。「こんなバカげたのは、話にならない」と怒って、帰ったわけです。それで、農水省と河川局との間で、一生懸命、話を詰めて、農水省もいいですよ、ということになって、大場さんが次の審議会に出てきたわけです。それで、いろいろ文句を言ったけれども、徹底的に反対することはしなかった。皆さんが、びっくりしたんだけれども……。

これを推進するためには、お金が、ものすごく、かかるわけです。それは、「土地は買わなくていい」と言うんだけれども、大量の土砂を動かしますし、それから取り掛かれば、早くやらないと土地所有者に迷惑をかけるということで、「農地での高規格堤防は農水省に渡して、構造改善局で農地の構造改善ということでやってもらったらどうか」という提案をしました。

構造改善局も予算を消化できなくて困っているんだから、「やってもらったらいいんじゃないか」と言ったんだけれども、とうとうダメで、結局、毎年、非常に微々たるものしか進行していきませんでした。そういう点では、仲々、超過洪水対策は進行しないと思います。しかし、いま高規格堤防をやる河川では、淀川もそうでしょうし、利根川もそうですけれども、ほとんど、竣工河川に近くなってきたから、これがないと、本当は行き詰まったかもしれない、という点では、よかったかもしれないでしょうし、一方、「整備計画」では、なかなか計画にのるような話ではないんじゃないか、という気がします。ただ予算的に、このぐらいの延長をやれる、という話は、できるけれども、超過洪水対策として、計画的に、どこをどういう準備をして、どうやる、ということは、なかなかやれないんじゃないか。

吉川　いま全面的に同じようにやっていくということですよね。だから、もっと遡ってみると、やはり余裕高でもって処理するのかなということで。

Ｉ　基準の高さをどうするかというのは、非常に議論があったところだと思うんですよね。

吉川　だから、一つの基準で計画流量が増えてこない間に、すなわち、余裕高が小さいうちに溢水させてしまうのかなということかもしれないし、これはわからないですね。

しかし、下流の方に来れば大概、余裕高からいえば、ものすごく安全度があるわけですから、そんなところに高規格堤防は本当は要らないんだよね。だから、わからないですよね。

（別記６）『毎日新聞』二〇〇八年九月一二日　川辺川ダム知事発言（要旨）（抜粋）

「過去の民意」は、水害から生命・財産を守るために、ダムによる治水を望みました。「現在の民意」は、川辺川ダムによらない治水を追求し、いまある球磨川を守っていくことを選択しているように思います。「未来の民意」については、人知の及ぶところではありません。

地球環境の著しい変化や住民の価値観の変化、画期的な技術革新によって、再びダムによる水害防止を望むことがあるかもしれません。その場合には、すでに確保されているダム予定地を活用されることになり、未来に向けて大きな意義があるものと思います。

（別記７）多摩川水系河川整備基本方針（抜粋）

○基本高水並びにその河道及び洪水調節施設への配分に関する事項

基本高水は、昭和四九年九月洪水、昭和五七年八月洪水等の既往洪水について検討した結果、そのピーク流量を、基準地点石原において毎秒八七〇〇トンとし、このうち流域内の洪水調節施設により毎秒二二〇〇トンを調節して、河道への配分流量を毎秒六五〇〇トンとする。

○高水処理計画

毎秒二二〇〇トンに見合った洪水調節施設の配置の可能性について、社会的影響、自然環境等にも配慮して概略検討し、可能性があるとの結果が得られたが、具体的な施設については、さらに、詳細な技術的、社会的、経済的見地から検討した上で決定する。

多摩川水系河川整備計画（抜粋）

○河川整備の実施に関する事項

第１項　洪水、高潮等による災害の発生の防止又は軽減に関する事項

整備途上段階での安全度の向上を図るため、小河内ダム等の既存施設の有効利用を図るとともに、流域内の洪水調節施設の設置についても調査・検討を行う。

第２項　洪水、高潮等による災害の発生の防止又は軽減に関する事項

洪水による災害の発生の防止及び軽減に関しては、国全体の河川整備状況や、将来の予算規模、河川整備基本方針で定めた最終目標に向けた段階的整備可能性などについて総合的に勘案した結果、戦後最

大規模の洪水を安全に流すことを目標とする（戦後最大規模の洪水とは、多摩川では昭和四九年九月の台風一六号、浅川では、昭和五七年九月の台風一八号を指す。また、これらの洪水によって発生した流量【基準地点の石原地点で毎秒四五〇〇トン】を以下、整備計画目標流量という）。このため、河川工作物等に対する適切な対処を含めた河川の整備を実施し、災害の発生の防止に努める。

※多摩川では長期計画毎秒八七〇〇トンに対して、当面はわずか毎秒四五〇〇トンが目標！

（別記8）『熊本日日新聞』二〇〇九年六月一〇日「民意のうねり　知事決断への道程　八」（抜粋）

球磨川水系の治水対策は、今後、おおむね三〇年間の具体策を盛り込む河川整備計画の策定へと向かう。知事表明前の二〇〇八年八月、九地整は計画原案の基本的考え方として、流水型（穴あき型）に変更しての川辺川ダム建設を表明している。

今はダムによらない治水論議が進むものの、自民党県連の前川収幹事長は「その議論が終われば、ダムによらない治水案と穴あきダムとの〝決勝戦〟が待っているはずだ」と読む。蒲島知事の最大の後ろ盾である自民党も、事業主体の国交省も川辺川ダムをあきらめてはいない。

（別記9）『熊本日日新聞』二〇〇九年六月一三日「川辺川ダムは問う　未来への視点　連続インタビュー（2）青山俊行氏（国交省治水課長）ダム以外の治水策、難しい地形」（抜粋）

――河川行政は時代の声に応えていますか。

「多くの批判を受けここ十数年、試行錯誤している。地元の声を聴こうと、長良川では円卓会議（三重）、熊本では住民討論集会、近畿では淀川流域委員会を続けた」「川辺川ダムや八ッ場ダム（群馬県）など数百戸を水没させる大事業は今後はない。大規模な水没を伴うと、地元との合意に時間がかかり地域を疲弊させるからだ。いま既存ダムの再利用や再開発を重視し、発電ダムの治水転用も模索している」

（別記10）河川法の一部を改正する法律等の運用について（平成一〇年一月二三日建設省河川局課長通達）（抜粋）

②河川整備計画で定める事項

ロ　計画対象期間

河川整備計画で定める整備内容の計画対象期間は、一連区間において河川整備の効果を発現させるために必要な期間とし、おおよそ計画策定時から二〇～三〇年間程度をひとつの目安とすること。

ハ　河川整備計画の目標に関する事項

河川整備計画の目標に関する事項の内容は、河川整備計画で対象とする期間における、洪水、高潮等による災害の発生の防止又は軽減に関する事項……。

（1）洪水、高潮等による災害の発生の防止又は軽減に関する事項

令第十条第一号に規定する事項を総合的に考慮した上で、当該区間の氾濫区域の人口、資産、上下流及び他河川の整備状況等を踏まえ、バランスのとれた目標を定めること。

（別記11）二〇〇三年六月八日　第三回「ダムによらない治水を検討する場」議事録（抜粋）

八代河川国道事務所長　熊本県さんの方からは昭和四〇年洪水を一つの目安として対策を検討していくということで、その具体の中身を今日ご説明をいただいて、その検討は当然私たちもさせていただくということでございますけれども、例えば計画規模の洪水等についてもこの四〇年洪水の対策をやった後にですね、そこに八〇分の一とかの洪水が起こったら、どのくらい被害が残ってしまうかというのは、合わせてお示しさせていただこうというふうに考えてございます。

蒲島知事　川内川の雨のシミュレーションが出てきましたけれども、あれだともう川辺川ダムそのものも、存在しても役に立たないということになるわけですね、だから上に上に上げていって、そしてそれを恐れるよりも、どこまで積み上げていくかということがとても大事ではないかなと私は思って皆さんのご意見を聞いておりました。

（別記12）二〇〇九年六月八日　第三回「ダムによらない治水を検討する場」議事録（抜粋）

熊本県河川課長　堤防嵩上げと申しますのは、洪水時の水位ですね、これは宅地や河床の地盤高よりも高い位置で流そうとするものでありまして、少し堤防が決壊したとなれば被害が大きくなる事が想定されますので、治水対策としては必要最小限にする事が大切である事と考えてこのような表現としました。

（別記13）二〇〇九年三月二六日　第二回「ダムによらない治水を検討する場」議事録（抜粋）

蒲島知事　今、堤防が決壊する場合というところに、計画高水位ですか、ここまでいくと決壊するという仮定の下ですけども、それはどのくらいの確率なんですか。例えば一九ページ、赤線が昭和四〇年の七月、その下に計画高水位ですか、こまでくるとヒビが入って決壊するという仮定のお話だったけれど、だいたいどのくらいの確率ですか。

八代河川国道事務所長　実際この計画高水位を超えるようになってきますと、洪水が上流から普通に真っ平らに流れてくるといいんですけれど色々うねりながらやってきて、そういったものが堤防を乗り越えたりそういうことをする。そのなかで破堤をする事がリスクとして非常に計画高水位を超えるとリスクが高まってくるということでございます。知事がおっしゃいましたどの位の確率かといわれると、なかなか私どもも申し上げにくい事もあるんですが、私どもとしてはこの五ページに書いてありますとおり、今回私どもが考えとして決して押しつける場では決してございませんが……河川管理施設等構造令というのがございまして、その中で、その様な計画高水位以下の水位に安全をもって流そうとしているところでございますけど、どうしても計画高水位を超えるとリスクが高くなっていくということでございます。

※住民討論集会の時には、「いつ破堤してもおかしくない」と言い切っていたことを、今は、あいまいな回答に終始

（別記14）社会資本整備審議会河川分科会答申「中期的な展望に立った今後の治水対策のあり方について」二〇〇七年七月二五日（抜粋）

○達成すべき目標の明確化（保全する対象の明確化）

どのような場所をどの程度の安全度で守るのかという達成すべき目標を明確化し、具体的な事業実施

箇所、実施内容及びその必要性を明示した中期的な事業実施計画を策定する。その際、それぞれの事業の重要度はもちろんのこと、従来にも増して事業の迅速な実施により、その効果が早期に発現されるか否かとの観点から地域の状況等を確認した上で、事業の選択と集中に努める。

○土地利用を視野に入れた治水対策の推進

・浸水常襲地域等における宅地開発を抑制するなどの、まちづくりと連動した被害最小限化策を推進するために、想定される浸水の頻度、範囲等の災害情報の関係行政機関への提供や対策実施要請。地域の豪雨災害に関する危険度情報の明示などによる浸水被害に強い建築構造等への転換を促すとともに、安全な地域への家屋移転の助成等、被害に遭いにくい土地利用・すまい方への転換を支援

・流域全体を見て土地利用区分に応じた適切な治水対策のあり方について必要な検討を行う。

○土地利用や地域特性に応じた対策の推進

・道路事業等とも連携した輪中堤や二線堤の整備等の減災対策や流域における貯留、浸透機能の確保等の流出抑制対策

・限界集落における、輪中堤や宅地等のかさ上げによる整備、地域の防災拠点の保全等の対策

○情報提供等ソフト対策の充実による安全の確保

・ハード整備と一体となったソフト対策を実施することで、効果的・効率的に安全性の向上を図る。

・ハザードマップや災害警戒区域等の被害ポテンシャル情報の提供により、地域住民の被災しにくい住まいへの転換、確実・円滑な避難を支援

○危機管理体制・地域防災力の強化

・水防団等の充実強化とともに、地域ボランティア等の人材育成、社会教育活動との連携強化を通じた、水害・土砂災害に対する住民意識の啓発
・災害時における地元建設業者の持続的な協力体制を確保できる環境の整備
・災害経験の少ない市町村等が的確な対策を実施できるよう、技術者等の技術力向上のための支援の充実や住民及び地域コミュニティによる積極的な地域防災活動等を支援

II

ダムなし治水——地域別対策案

第三章　荒瀬ダム撤去で迷走する熊本県政

澤田一郎

はじめに

ここにきて、荒瀬ダムを巡る情勢が劇的な展開をみせはじめている。

熊本県は二〇一〇（平成二二）年二月二六日、八代市の球磨川漁協事務所を訪れ、あらためて県営荒瀬ダム（同市坂本町）の水利権延長に同意を求めた。漁協側は「即時撤去をもとめる考えは変わらない」「同意についての協議は終わりにしたい」（『熊本日日新聞』二月二六日付夕刊）と譲らない。

これより先二〇一〇（平成二二）年二月三日、蒲島知事は記者会見を開き、知事就任以来凍結してきた荒瀬ダム撤去の方針を転換して、「二〇一二年度からダム本体の撤去に着手する、国との協議や作業計画の策定に二年は必要」として発電事業の二年継続を表明した。漁協の同意が得られぬままに利水権延長の作業は迷走している。

一　荒瀬ダムが撤去に至るまで

水力発電専用の荒瀬ダムと藤本発電所が完成したのは一九五四（昭和二九）年のこと。戦争で荒廃した国土の復興は食料の生産と雇用の確保が差し迫った課題であった。一九四七（昭和二二）年一月に就任した桜井三郎知事は、四月に「県産業振興計画」を策定し、一二月の県議会では「球磨川総合開発計画」を提案した。中身は球磨川流域に七つのダムと一〇箇所の発電所建設をすめると打ち上げた。

一九五〇（昭和二五）年に政府は国土総合開発法を制定し、特定地域総合開発計画を立ちあげ、多目的ダムを中心に電源開発・農産物増産・治山治水などの河川総合開発が推進されたが、事実上は電源開発に絞り込まれた。

一九五二（昭和二七）年一月には「熊本県第二次産業振興計画」をまとめたが、「電源開発を中心とする基礎条件の整備により鉱工業の振興をはかり……」とあけすけに電源開発・ダム建設を県政の重要課題に位置づけている。

荒瀬ダムは熊本県を事業主体として、全国的にみても早い時期に建設された。計画がさしたる抵抗もなくすすめられたのは、戦後の電力事情が悪く予告なし停電は日常茶飯事の時代に電力生産のためといわれると、県民も素直に受け入れる時代背景があった。熊本県は事前説明で「アユ

撤去が決まった荒瀬ダム

の漁獲高が増える、観光客の増加で村は潤う、仕事も増える」と強調した（川辺川ダム中止・荒瀬ダム撤去を実現する県民集会の証言二〇〇九年一一月）。

ダム完成から五七年、歴史の証言はそこに破壊された球磨川と旧坂本村の自然が、見るも無残な姿を露出しただけであることを語っている。公権力が住民を欺き、水と電力を大企業に貢いだが、住民の利益は考慮されないことが示された。「ダムを放置して村の振興はない」と二〇〇二（平成一四）年九月の村議会は「ダム継続反対」の意見書を可決した。満場一致で反対するものは一人もいなかった。

桜井県政が策定したこの基本計画は、戦後の熊本県政とりわけ開発政策の流れに多大の影響を与えることになる。結論的にいえば、地元経済は都道府県民所得三六～三七位で停滞し、県債残高（一般会計＋特別会計）は一兆四一〇九億円（二〇〇八年決算）と最悪の事態にある。経常収支比率も九九・八％（全国九三・九％）と危機的状態を惹起した現況をみると、評価はすでに明確であろう。

現状をみれば弁解の余地はないが総括もなく、窮地からの出口も見えないまま「熊本市の政令指定都市化だ！」「道州制の実現で州都をめざす！」と打ち上げるが、県民の差し迫った雇用の確保や経済の浮揚指針は示されていない。福祉・教育のきめ細かい改善対策などの総合的な計量計算はないまま政策選択は流れている。そこに展望はない。

二　三つのマジック

一九五二年（昭和二七）年、河口から二〇キロメートルの位置に、高さ二五メートル、幅二一〇メートル、発電量・年七四〇〇万キロワット時の発電専用ダムの建設が始まり一九五四（昭和二九）年に県営荒瀬ダムが竣工した。

新たなダム建設の理屈付けに使われる概念に①基本高水流量がある。五〇年に一度・八〇年に一度の豪雨を設定し水嵩がこれだけ上がる、と仮定の数式で危険度を示しダムの必要性と規模を導きだす。事業化した時点では「計画水量」などにおき直す錯覚の手法である。治水は山の保水力を高める植林の工夫から、洪水時には水を広く散らす湛水方式、堤防の改修など幾多の方式の組み合わせによって実現するものだが、基本高水流量の概念に単純化すると、ダムしかない治水方式に陥り易い。

いま一つの手法は地方自治体を発電事業に巻き込み、生産された電力を安価で電力資本に売却させるのに②「総括原価主義」という、会計法にもない概念を用いてきた。減価償却がすすんだ発電所の電気は安くする、コスト主義の仕組みが国の指導（当時、通産省）で実現した。これで熊本県の売電価格は買い叩かれてきた（県議会議事録一九九四、一九九五年）。さらに、発電事業は公営企業法の全面適用をうける事業会計で利益を蓄積するが、余剰金が出ても新たな電源開発事業にしか使えないように「縛り」をかけた。したがって、中古ダムは電力資本により多くの利益をもたらす打ち出の小槌になった。

この仕組みを隠す手立てに③クリーン・エネルギー論が流布されてきた。環境破壊や経済基盤の影響については触れず、専ら二酸化炭素を出さない特徴のみを強調する。

大量の電力を必要とする日本の化学産業は、五次に亘る「全国総合開発計画」にまもられて安い電力を必要なだけ手に入れ、重厚長大の産業構造を築いてきた。ともあれ熊本県の売電価格は九州四県で最も安い価格で売り渡した挙句に、「ダム撤去の金がないから存続して撤去費用を稼ぐ」（二〇〇八年六月蒲島知事）は筋の通らない話でしかない。

制度的に中古ダムの撤去ができ難くしてある仕組に目をむけて、情報の開示を求めたい。

三　荒瀬ダム撤去の意義

荒瀬ダムの撤去は、全国に数多く散在する中古ダムの去就を方向づける初の経験となる。単に役割を終えたダムの消滅に問題は止まらない。国の河川行政のありかたにも影響を与えるとともに、今後、連続して撤去時期をむかえる中古ダムの取り扱いの貴重な先例ともなる。全国初の経験と教訓が前例となれば、ダムの利権を保持するものと、不利益を蒙るものとのたたかいが熾烈にならざるを得ない性質を内包することになる。荒瀬ダムの撤去の本質的意義はここにあり、住民のダム撤去のたたかいは前進する必然性があるとみて論をすすめる。

四　ダム存続への巻き返し

河川には水利権がある。

荒瀬ダムができた当時の水利権は五〇年周期で更新されていたが、ダムは河川本来の自然を奪っていく。環境問題が深刻化し、地域の産業経済に与える影響も見直さざるを得なくなり、河川法の改正で現在は三〇年期限とされ、住民の意見を聞くことも義務づけられた。そのこと自体、法の改正がおこなわれたことは社会進歩の表れでもある。

先の潮谷義子知事は、球磨川漁協や坂本村議会・八代市民の世論にこたえて、「五〇年の水利権許可期間の満了を区切りとして、七年後にダムは撤去する」と表明した、二〇〇二（平成一四）年一二月議会でのこと。撤去費用は六〇億円におよぶことも試算として公表した。国交省はダム撤去を前提に、七年間の利水権の更新を二〇〇三（平成一五）年三月には許可した。世論の力は国交省の許可を短期に勝ち取るまでになっていた。勿論、荒瀬ダムを取り払えば日本の三大急流といわれた自然の全てが戻る訳ではない。自然の復元には永い歳月が待っている。あくまでも球磨川の清流をとり戻す第一歩に光明が見えてきたことが重大事なのだが……。

五　迷走するダム政策と世論

ことの発端は二〇〇八（平成二〇）年、熊本県知事に蒲島郁夫氏が就任した直後の六月に、従来の荒瀬ダム「撤去」を「凍結」に変更したことにはじまる。理由は撤去財源に難題があり発電継続に転換したと説明されたが、きっかけは「未来エネルギー研究会」から届いた要望書にあったことも明かした。

県の企業局は撤去には九二億円が必要、存続にも八七億円の財源が要るが、継続すれば電気生産で利益があがり、「撤去の方が実質負担で五三億円も高くつく」と最終報告をだした。潮谷知事時代の六〇億円が何故九二億円なのか詳細は分からない。県民の胸に鬱屈したものを残した。川辺川ダムについては九月県議会で見解を述べるとしていた蒲島知事は、国の進める川辺川ダムの建設に「反対」する態度を表明した。「球磨川の清流は県民の宝物」と理由も明快であった。誰もが感銘を覚えた。ダム建設促進の人吉市長が退陣に追い込まれ、新人に代わった。周辺の自治体首長も、住民世論を受けて公然とダム反対の態度表明が続いた。ダム建設一辺倒の国の事業計画は、明らかに県民世論から乖離し始めていた。

とはいえ、清流は県民の宝とする同じ球磨川流域で、ヘドロの堆積、赤潮の発生、腐臭を放つ荒瀬ダムの撤去には背を向ける知事の行政哲学に一貫性は見えない。何故か？

分かり難い行政運営はさらに続く。二〇一〇（平成二二）年に入って、現地の世論が二分している天草市路木ダム（貯水量二二九万トン）の本体工事入札に踏み切った。ゼネコン準大手の企業が落札した。路木ダムは河浦町や牛深地域の水道水源に不可欠のダムと説明されてきたが、本渡市水道事業の決算をみると水は足りている。

水が不足するのは漏水が激しいことに起因している。天草市の上水道平均一日当り配水量一万九九七四トンの八・六％が漏水、簡易水道八九三八トンの二六％が漏水して、給水原価で年間六億四〇〇〇万円の損失をだしている（平成一九年度統計）。いま必要なことは、旧い水道管の敷設替えで県内の最高値の水を無駄なく届けることこそ公営企業の勤めではなかろうか。簡易水道の送水管敷設替えは、国の補助事業にもなる地場業者の仕事であり、人件費の比重が高い公共事業である。雇用に苦しむ情勢下で時宜に適した施策になぜ取り組まないのか。

県や市がダムに投資する一般財源を、市の企業会計に助成した方が「地方自治の本旨」に則る選択であろう。住民の利益と県政の税の使い方には、明らかに乖離がある。

それは何故か。

六　司令塔

歌舞伎でも浄瑠璃でも黒子が舞台を回していくが、黒衣に身を固め顔は出さない。荒瀬ダムの攻防では司令塔の黒子が、顔を覗かせてしまった。

知事自身が語っていることだが、荒瀬ダム撤去について疑問をもったのは、「未来エネルギー研究会」から、就任したばかりの知事のもとに「荒瀬ダム撤去及び藤本発電所廃止の再検討について」と題する要望書が届いたからだという（『朝日新聞』二〇〇八年七月一日付）。一県の知事を掌にのせて、「日本三大急流」の球磨川のあり方をも左右する未来エネルギー研究会とは何者なのか、注目された。

この研究会は二〇〇八（平成二〇）年一月三〇日に立ち上げたばかりの実績も何もない組織で、鈴木代表のもとに一〇人の名前を連ねただけの得体も知れない研究会としかいえない。メンバーは旧通産省のＯＢで、鈴木代表は同省の水力課長などを歴任した人物、他のメンバーも「戦後の電力再編や国内外のダム建設に数多くかかわった経歴を持つ」（『熊本日日新聞』二〇〇八年七月三日付）陣容の研究会である。要するに荒瀬ダム（藤本発電所）建設から生産された電気の販売価格にまで差配を振るった人々といえる。

その設立趣意書（二〇〇八年一月三〇日付）は、次のように言う。

地球資源が限界に近づいている。日本のエネルギー自給率は二〇％に過ぎない。化石燃料に代わる再生可能で二酸化炭素を排出しないエネルギーの確保のための戦略を研究しなければならない。これが研究会設立の意図だと述べたあと、「一ヶ月に一度程度メンバーが集まり、……活動方針等につき、その都度、協議する」とある。

四月一五日付の蒲島知事への要望書は、鈴木代表の「ダムは管理すれば一〇〇年以上の寿命があり、荒瀬ダム撤去は世界情勢からも逆行している」という主張を纏めたものに過ぎない。このようなものが大業に扱われるのは、「未来エネルギー研究会」には「日本大ダム会議」という親組織があるからではないか。

「日本大ダム会議」は四八年前、通産・建設各大臣のもとに設立された組織で、「ダム建設に関する政府関係機関、電力会社、調査研究機関、学術団体、関係業界団体、建設会社、製造会社等」八〇法人（二〇〇四年現在）が会員の組織としている。

その活動方針のなかに重要な指摘がある。

「新規ダムの建設を検討する前に、当然、考えるべき事項であって、既設ダムの有効活用は今後とも重要な課題であり、運用方法、長寿化等に関する技術検討が必要になります」

財界の既設ダムへの対応方針の基本が、重点課題として示されている。蒲島知事の荒瀬ダム凍結への転換は、財界の意向に応えたことになる。

七　撤去財源と国の責任

現在の水利権の許可期限は、二〇一〇（平成二二）年三月末で失効する。藤本発電所は自動的に発電ができなくなる。発電だけを目的にしたダムで発電ができなくなれば、そのダムは無用の長物となり消去するしかない。撤去するから二年だけ発電継続を！　といわれても、時間を浪費したのは知事自身であれば、みずから責めを負うべきではないか。

地元住民や利水関係者と不信が増幅するなかで、県企業局は二月二四日、国土交通省九州整備局に水利権の延長を申請した。地元漁協の同意が無いままの申請は前例がないという。

進退窮まった事態になるなど、予想さえしていなかったのではなかろうか。教訓を汲み取れず、路木ダムでも同じ過ちを繰り返すことになる。何を好んで県財政の破綻を呼び込む道に駒を進めるのか理解に窮する。知事として今なすべきことは「総括原価主義」の行政指導で、安価で売却した損失額を明らかにして、一定の撤去費用負担を国に求める論拠をはっきりさせることではないかと思う。路木ダムの無駄も省いて撤去財源にあてる道もある。

八　地方自治の本旨にたちかえる

無理な政策選択は如何に権力者といっても、そう易々ととおせる時代ではなくなっていることに知事は気づいていなかったのではないか。資本の望みに身を置けば大道が開けるとした時代は終わりつつある。主権者への不義理ぐらいは力ずくで押しとおせると考えたのであれば、そんな時代ではないことを「荒瀬ダム撤去凍結反対」のこの一年余のたたかいは絵に描いたように映し出した。心ある人々のたたかいが、県民・全国の世論、政治を動かす時代に私達は生きていることに目を向けることをすすめたい。

編集部注

本稿執筆後、荒瀬ダムをめぐる事態はさらに進んだ。熊本県が国交省に出した二年間の水利権申請が、地元同意もない異例のものだったこともあり、県議会自民党が二〇一〇年度予算案から荒瀬ダム関連予算の削除を提案。全会一致で採択された。これをうけて蒲島知事は水利権申請を取り下げた。別途申請したダム撤去までの土地占用の申請は残っているものの、荒瀬ダムは、ダムとしての機能を三月三一日をもって失う。もしそれまでに土地占有が認められなければ、旧荒瀬ダムは不許可構造物となる（国交省は三月三一日付で当該土地占有を許可した）。

第四章　今こそ「ダムなし治水」への転換を

中島熙八郎

一　「流れ」を変えた住民討論集

二〇〇一（平成一三）年一一月一五日、それまで三号を重ねてきた「川辺川研究会」のパンフレットの第四号が出版された。第三号においても、「はじめにダムありき」とする国土交通省の論理に抗する対案を提起したが、第四号では、公開された国土交通省のデータを基に「ダムがなくても治水は可能」とする、住民側からの具体的な提案が行なわれた。第三号までは沈黙していた国土交通省は、第四号パンフに関しては、即座に反論を行なったのである。ついで生起した事態は、マスコミを含め、一種の驚きをもって受け止められた。すなわち、当時の潮谷熊本県知事が「国土交通省は説明責任を十分に果たしていない」として、球磨川・川辺川水系の治水のあり方に関する公開の住民討論集会を呼びかけたのである。そして、その第一回目は地元相良村体育館に約三〇〇〇人を集め開催された。

その後、住民討論集会は公開の下、九回を数えている。マスコミの多くは「国交省と住民側の論争はかみ合わず平行線」との評価を下しているが、ほとんどの情報を抱え込んで独り占めし、多くの「専門家」を子飼いにしている国交省を相手に、住民側が一歩も引かず対等に渡り合い続けたことは、歴史上かつてない快挙でなくて何であろう。

しかし、その時点で、これらを武器に「川辺川ダムを止めることができる」と確信した住民はどれほどいたであろうか。ましてや、球磨川水系の治水をめぐる現在の状況の到来を見定めた住民はほとんどいなかったに違いない。

二　収用裁決申請取下げを余儀なくされた国土交通省

同じ時期、国交省は、球磨川漁協「ダム反対派」の根強い抵抗、川辺川利水事業における原告農民の闘いを前に、「土地収用裁決申請」に踏み切った。強権的に押し切ろうとする「焦り」であろう。

事態は国交省にとって「好ましい方向」には進展しなかった。二〇〇三（平成一五）年五月一六日、川辺川利水訴訟の福岡高裁控訴審で「農地造成事業以外の二つの事業は（同意数が足りず）違法」とする原告側勝利の画期的判決を下した。同年六月一六日から始まった川辺川利水事業に関する「事前協議」は二〇〇六（平成一八）年七月一五日まで七八回に及んだが、「ダム推進派」や農政局の意図した国営事業継続には結びつかなかった。「多目的」の重要な「目的」の一つが否定されたのである。この過程で、国交省の土地収用裁決申請は収用委員会の勧告を受け、国交省自身の手で「取下げ」となった。川辺川ダム計画は白紙に戻ったのである。

このことに関して思い出されるのは、前記「事前協議」の場で九州地方整備局幹部の発言である。「ダム利水」の前提となる「ダムの完成に至る工程」を問われた際、「河川整備基本方針策定後ただちに同整備計画策定に移り、数ヶ月もあれば確定できる」と豪語したのである。

三　流域住民・県民は「ダムなし治水」の推進派

実際にはどうなったであろうか。二〇〇六（平成一八）年度はじめから、国交省は河川整備基本方針の策定作業に突入する。「三ヶ月もあればできる」としていた作業は、潮谷知事の粘り強い抵抗もあって、丸一年を要したのである。二〇〇七（平成一九）年五月一一日、「ダム建設」を実質的に織り込んだ異例の「基本方針」が強引に策定された。国交省はただちにこの方針を流域はじめ関係自治体・住民に「説明」すべく、「川づくり報告会」と称する会合を、流域を中心に県内五一ヵ所で開催した。住民側は、全ての会合に傍聴者として参加し、監視した。その結果、住民側の予想を遥かに超える議論が展開されたのである。

すなわち、ダムを要望する意見はほんの数名に止まり、圧倒的多数の流域住民は、自らの経験を踏まえたダムなしの治水を要望したのである。ここで「予想を超える」としたのは、農村特有の「周りへの遠慮・配慮」から、自らの意見・要望が出にくいこと、ましてや国交省はじめ県や市町村関係者の前で（その意向にそぐわないと思われる）意見・要望などほとんど出ないという「通念」を意味する。

その予想が覆った大きな要因は、第一に、流域住民は川に親しみ、川を熟知し、災害を幾度も体験してきたという事実。第二は、その思いを押し止めていた「重し」が、住民討論集会はじめ、この間の住民の闘いによって、かなり取り除かれていたからに他ならない。

住民側はただちに、先の報告会に参加して要望を述べた流域住民と、対策要望の出ている箇所、頻繁に水害の発生する箇所を精力的に調査した。その成果は書籍『ダムは水害をひきおこす』（二〇〇八年四月、花伝社）に集約され、その中で、住民の体験を踏まえた具体的な提案・要望が提起されている。

そして、二〇〇八（平成二〇）年八月の相良村長、人吉市長の「ダム反対」表明に続き、同年九月には蒲島現熊本県知事の反対表明に至ったのである。この知事の態度表明を県民の八五％が支持した。

ただ、このような川辺川ダムに関する判断は、既に、同年春の熊本知事選挙の時点までに「確認」されていたと言える。主要五候補中の四人までが「川辺川ダム反対（中止、見直しを含む）」を公約に掲げ、ただ一人当選した蒲島氏だけが「一定の期間をおいて態度を明確にする」としたのみであり、「川辺川ダム推進」を掲げた候補者は皆無であった。

住民側は、手を緩めることなく、二〇〇九（平成二一）年四月には「川辺川ダム計画はなぜ終わらないのか？　球磨川流域住民が望む『ダムによらない治水』とは」と題するパンフレット二万部を、地域を中心に全国にも広く配布している。同時に関係自治体首長のもとを訪れ「レクチャー」をも実施したのである。

国交省は県と協議し、二〇〇九（平成二一）年一月から「ダムによらない球磨川水系の治水を検討する場」を設置するに至る。当初は熊本県が提案し、国交省がコメントするという関係であった。その過程で同年八月末の総選挙が行なわれ、自公政権が退けられ、民主党を中心とする政権が誕生した。新政権は、「コンクリートから人へ」のスローガンの下、ただちに川辺川ダム、八ッ場ダムなど国直轄の大規模ダムの中止を宣言する。ここで、国交省のスタンスが変化した。すなわち、県に代わって、国交省が「ダムなし治水案」の提案者となったのである。

四　今こそ、「ダムなし治水」への転換を

しかし、これで問題が解決し、国が本気になって「ダムなし治水」へ根本的に路線を転換したとは言えない。なぜなら川辺川ダムは休止であって、復活の可能性が皆無になったわけではないのである。川辺川ダムが計画も含め、実質的に取止めとなるためには、「ダムによらない治水」事業を、その調査費も含め、国（国交省）が予算化することが必要なのである。さらには、ダムを除いた球磨川水系の河川整備計画の確定が必要なのである。

一方、球磨川中流域では、実質的な「ダムなし治水」の事業が国交省の手によって少なくない箇所で実施されている。水害常襲地帯が存在する以上当然のことではあるが、高く評価したい。このことを含め、「転換」へは「あと一歩」なのではなかろうか。

本書は、先に触れた流域住民の提案や「ダムによらない球磨川水系の治水検討の場」での議論を踏まえ、新たな視点から第三の提案を提起するものである。

国交省といえば「土木学」がイメージされるが、西洋では“Civil Engineering”と表現されている。市民・国民のための技術学の意味であろう。国交省（国）がこの転換への「あと一歩」を踏み出すことが、今、国民的に求められているのである。

五　山・川・海とつづく環境と暮らしの再生へ

川辺川ダム建設の取止めは、川にとっての、これ以上のマイナスをゼロにすることを意味する。球磨川水系には、市房、瀬戸石、荒瀬の三つのダム、遙拝堰、その他多くの大規模砂防ダムや発電用の堰堤が存在する。荒瀬ダムについては、二〇〇二（平成一四）年一二月、当時の潮谷知事が「撤去」を決断し、被害を受け続けた上下流流域住民の苦難が取り除かれる展望が開かれた。しかし、二〇〇八（平成二〇）年、新知事となった蒲島氏は唐突に「存続」への転換を宣言したのである。「大ダム会議」の流れを汲み同年一月発足の「未来エネルギー研究会」なる団体の「要請」に応えたものである。流域住民、県民の怒りが渦巻いたことは当然であった。その運動と先に述べた「政権交代」を受け、蒲島知事は二〇一〇（平成二二）年二月再度「撤去」への方針転換に追い込まれた。しかし、「即時」ではなく「二年後」との不可解な延長条件付である。

　撤去に向けたゲート開放によって、球磨川河口の干潟環境が改善され多くの生物の復活を見るという事実が示された。既存ダムが多くのマイナスを蓄積していることの証左である。「国はダム建設に金を出すのであれば、撤去にも出すべきである」との世論が盛り上がりつつある。

　建設・経営主体である熊本県は言うに及ばず、国（国交省）においても、山・川・海とつづく流域の環境・社会・経済等まで広く視野に入れた総合的な再生・発展方策を、海を含む流域住民の意思に基づいて進めることを強く求めるものである。


（追記）

　蒲島知事は「撤去費用捻出」を口実に撤去期日を二年延長することを表明した。その上、球磨川漁協の合意なしに水利権延長申請を強行したのである。しかし、その後流域住民の反対に加え、国土交通省の条件提示、熊本県議会最大会派である自民党の延長反対表明が知事を追い詰めた。そして、三月二四日の二月定例議会本会議で、荒瀬ダムの発電機修繕費や売電収入など発電継続にかかる費用を減額した二〇一〇年度電気事業特別会計予算案が全会一致で可決されたのである。この事態を受け、蒲島知事は同日撤去に着手する二〇一二年三月までの発電継続断念を表明した。直接的には自民党会派の「反対」と県議会による減額修正案の可決ではあるが、それらも、流域住民、県民の闘い、世論に押されたものであり、その力が、ついに「荒瀬ダム撤去」への再転換を勝ち取ったのである。

11月	川辺川研究会、「ダムがなくても治水可能」とのパンフレット公表
11月	球磨川漁協総会、国交省との漁業補償案否決
12月	第1回住民討論集会（相良村体育館3000人）
12月	国交省、熊本県収用委員会にダム建設に伴う漁業権等収用裁決申請
12月	「ノリの第3者委員会」（農水省設置）潮受け堤防開門調査3案を提言
2002年 4月	農水省、短期開門調査開始
10月	九州弁護士会連合会、「川から海へ」シンポジウム
11月	有明海及び八代海を再生するための特別措置に関する法律制定
11月	佐賀地裁によみがえれ！有明海訴訟（工事差止本訴・仮処分）提訴
12月	潮谷義子熊本県知事、荒瀬ダム完全撤去宣言
2003年 5月	福岡高裁、川辺川利水訴訟で農家勝訴判決、農水大臣上告放棄
6月	川辺川新利水事業策定の事前協議（原告団・弁護団参加）発足
2004年 8月	佐賀地裁、諫早湾干拓事業の差止め決定（26日）
2005年 5月	福岡高裁、漁民側の立証不十分を理由に佐賀地裁の仮処分決定を取消
9月	国交省、川辺川ダム建設関連の強制収用申請を取下げ
2006年 7月	熊本県等、新利水事業策定の事前協議78回で解体
2007年12月	農水省、川辺川利水事業休止へ
2008年 1月	未来エネルギー研究会設立
4月	未来エネルギー研究会、蒲島郁夫熊本県知事に荒瀬ダム存続を要請
6月	佐賀地裁、よみがえれ！有明海訴訟で排水門開門を認める判決（27日）
9月	蒲島郁夫熊本県知事、県議会で川辺川ダム反対を宣言
11月	蒲島郁夫熊本県知事、荒瀬ダムの存続を宣言
2009年 8月	衆議院総選挙で、自民・公明3割の議席に転落、民主党などへ政権交代
9月	前原国土交通大臣、川辺川ダム中止の方向へ
12月	国交省、ダムによらない治水を検討する場で、ダムによらない治水策を提示
2010年 1月	国土交通大臣、荒瀬ダムの水利権延長は新規水利権の申請であると言明
2月	蒲島郁夫熊本県知事、荒瀬ダムを2年後に撤去すると宣言
3月	国交省、第７回ダムによらない治水を検討する場で予算案を提出
3月	熊本県、荒瀬ダムの水利権更新を断念し、発電中止、放水開始

3月	下筌ダム定礎式
7月	建設省、川辺川（相良）ダム建設計画発表
7月	五木村議会、相良ダム建設反対決議
8月	下筌ダム基本計画一部再度変更、工事費253億6000万円、工期が一年延長
1968年 9月	熊本県、川辺川ダムを特定多目的ダムに計画変更
1969年 6月	北部九州水資源開発構想（第一次マスタープラン）決定
9月	建設省、川辺川ダム付帯工事に着手
	農水省、川辺川利水事業を直轄地域に指定
1970年 1月	コメ増産を目的とする諫早湾1万haを閉めきる長崎干拓事業打ち切り
6月	室原知幸死去
10月	室原知幸遺族、国と和解して訴訟取下
1972年10月	川辺川土地改良事業組合設立認可
1973年 5月	五木村水没地権者協議会発足（ダム対策委から分離）
	下筌松原ダム完成
1974年 4月	水源地域対策特別措置法施行
7月	フルプランに「筑後大堰建設事業」を追加決定
1976年 3月	建設大臣、川辺川ダム基本計画告示
1977年11月	筑後大堰建設計画事業実施計画認可
1978年11月	筑後大堰建設事業差止め訴訟提訴
1980年 3月	熊本地裁、取消訴訟・無効確認訴訟を却下、地権者側控訴
1982年 4月	五木村、川辺川ダム建設に正式同意
12月	農水大臣、諫早湾干拓を含む長崎南部地域開発事業を打切り
1984年 4月	地権者協、取消訴訟・無効訴訟取下げ
6月	農水省、国営川辺川総合土地改良事業計画告示（当初計画）
	筑後大堰完成
1986年10月	水源地域対策特別措置法による整備計画で五木村全村を指定
12月	農水省、諫早湾干拓を防災干拓事業として再開
1989年 6月	筑後大堰建設事業差止め訴訟判決　請求棄却
7月	川辺川ダム建設促進協議会設立（2市17町村）
11月	諫早湾干拓事業着工
1992年10月	諫早湾干拓事業潮受け堤防着工、湾内のタイラギ多数斃死
1993年11月	環境基本法制定
12月	川辺川利水を考える会発足
1994年 2月	農水省、国営川辺川総合土地改良事業変更計画公示
12月	川辺川利水農家1144人、行政不服審査法に基づく異議申立
1996年 3月	農水大臣、異議申立を棄却
6月	対象農家（866人）、川辺川利水訴訟を熊本地裁に提訴
1997年 4月	農水省、諫早湾干拓工事で潮受け堤防を締め切る（鋼板239枚のギロチン）
6月	河川法改正の一部を改正する法律成立
2000年 9月	熊本地裁、川辺川利水訴訟で農家敗訴判決
2001年 1月	有明海沿岸4県漁民1000人が200隻で海上デモ

関係年表

1896年 4月	旧河川法制定（1965年廃止）
1950年12月	熊本県、球磨川総合開発計画発表、流域に7つのダムと10の発電所
1949年 6月	土地改良法制定
1951年 6月	土地収用法制定
1953年 2月	電源開発会社、川辺川発電ダムにつき調査
1955年 1月	熊本県、球磨川水系荒瀬ダム竣工
1957年 3月	特定多目的ダム法制定
1958年 1月	電源開発会社、球磨川水系瀬戸石ダムを竣工
1960年	建設省、国土総合開発調査費にて球磨川水系ダム調査
1964年 3月	熊本県土地収用委員会、下筌ダム関連収用裁決
4月	下筌ダム建設反対全九州民主団体代表者会議が熊本市で開催
4月	国、下筌ダムサイト収用地の国有地への登記手続き完了
5月	福岡県下筌ダム反対闘争支援対策会議、約1300名で蜂之巣城で総決起大会
6月	政府、蜂之巣城取り壊しの閣議決定
6月	熊本176名、大分83名、福岡434名、合計693名が蜂之巣城に入る
6月	蜂之巣城取り壊しの代執行
7月	新河川法制定
7月	第二蜂之巣城構築
10月	筑後川水系、水資源開発促進法による開発水系に指定（利根川・淀川に次ぐ）
12月	東京高裁の下筌ダム行政事件控訴事件が休止満了
1965年 4月	建設省、ダムサイト右岸上部岩壁が弱いと特殊アーチ式に変更予定
5月	第二蜂之巣城に対し、河川法による除却命令
5月	建設省、下筌ダム第二次収用裁決を申請
6月	第二蜂之巣城取り壊しの代執行実施
7月	球磨川水害（63年8月、64年8月と3年続けて水害）
8月	第三蜂之巣城構築
9月	北部九州水資源開発協議会が筑後川水資源開発構想マスタープラン策定
10月	熊本地裁の仮処分判決執行、水道管等工事支障物件のすべてを撤去
1966年 2月	筑後川水系における水資源開発基本計画（フルプラン）閣議決定
2月	五木村ダム対策委員会設置

編集
くまもと地域自治体研究所

執筆者
板井　優（弁護士、川辺川利水訴訟弁護団長）
澤田一郎（くまもと地域自治体研究所主任研究員）
中島熙八郎（熊本県立大学環境共生学部教授）
松尾康生（河川工学技術者）

連絡先
〒860-0078
熊本市神水1丁目30-7　コモン神水
電話　096-383-3531
くまもと地域自治体研究所

川辺川ダム・荒瀬ダム
「脱ダム」の方法――住民が提案したダムなし治水案

2010年4月10日　初版第1刷発行

編者 ――くまもと地域自治体研究所
発行者 ―平田　勝
発行 ――花伝社
発売 ――共栄書房
〒101-0065　東京都千代田区西神田2-7-6 川合ビル
電話　03-3263-3813
FAX　03-3239-8272
E-mail　kadensha@muf.biglobe.ne.jp
URL　http://kadensha.net
振替 ――00140-6-59661
装幀 ――佐々木正見
印刷・製本 ―中央精版印刷株式会社

ISBN978-4-7634-0568-5 C0036

ダムは水害をひきおこす

球磨川・川辺川の水害被害者は語る

球磨川流域・住民聞き取り調査報告集編集委員会・編

定価 (本体 1500 円 + 税)

ダムは洪水を防いだか？　球磨川・川辺川の水害被害者は語る。